E-Book inside.

Mit folgendem persönlichen Code
können Sie die E-Book-Ausgabe
dieses Buches downloaden.

66018-w4x6p-
56r00-1vtcy

Registrieren Sie sich unter
www.hanser-fachbuch.de/ebookinside
und nutzen Sie das E-Book
auf Ihrem Rechner*, Tablet-PC
und E-Book-Reader.

Klaus Kornwachs

Philosophie für Ingenieure

Klaus Kornwachs

PHILOSOPHIE FÜR INGENIEURE

HANSER

MIX
Papier aus verantwortungsvollen Quellen
FSC® C014889
www.fsc.org

Bibliografische Information der Deutschen Nationalbibliothek
Die Deutsche Nationalbibliothek verzeichnet diese Publikation in der Deutschen Nationalbibliografie; detaillierte bibliografische Daten sind im Internet über http://dnb.d-nb.de abrufbar.

1 2 3 4 5 15 16 17 18 19

Internet: http://www.hanser-fachbuch.de
Lektorat: Dipl.-Ing. Volker Herzberg
Herstellung: Thomas Gerhardy
Satz: Kösel Media GmbH, Krugzell
Umschlaggestaltung: Dipl.-Ing. Volker Herzberg, Stephan Rönigk
Druck und Bindung: Friedrich Pustet, Regensburg

Printed in Germany

ISBN 978-3-446-44239-9
E-Book ISBN 978-3-446-44160-6

in memoriam Günter Spur (1928 – 2013)

Inhalt

Einleitung **1**

1. Wozu eigentlich Philosophie? **9**
Man spottet gerne über das, was man nicht kennt – 9
Es gibt nichts praktischeres als eine gute Theorie 11
Nachdenken hat noch nie geschadet 13
Probieren und Studieren 15
Die verflixten Warum-Fragen 15
Nachdenken – die Zweite 18

2. Es funktioniert doch ... **25**
Wenn man die Regeln kennt, funktioniert es auch ohne Wissen 25
Know why und know how 26
Wenn's mal nicht funktioniert 28
Technisches Versagen 29
Menschliches Versagen 31
„Normale" Katastrophen 32

3. Wissen und Erkennen vor Ort **39**
Wie Wissenschaft zur Erkenntnis kommt 39
Wie wir erkennen 40
Wie wir technische Erkenntnis gewinnen 42
Ohne Modelle geht's nicht 44
Ohne Erfahrung geht es auch nicht 45

4. Erfinden und Entdecken **49**
Wo war der Diesel-Motor, bevor er erfunden wurde? 49

Platon: Man kann nichts erfinden, nur finden und entdecken 50
Man kann machen, was es noch nie gab 54

5. Wirklich etwas Neues **59**
Ist das Neue bloß die Kombination aus dem Alten? 59
Zauberwort Innovation 62
Die Sache mit dem Fortschritt 66

6. Probieren und Testen **71**
Ein Test ist etwas anderes als ein Experiment 71
Jedes Gerät ist anders – Es lebe der Einzelfall 76
Solange, bis es kaputt geht 78
Im Labor hat's noch funktioniert 79

7. Stimmt's oder funktioniert's? **83**
„Baue nie die Schaltung, die Du selbst berechnet hast!" 83
Was heißt funktionieren? 83
Warum kann man Technik rechnen? 86

8. Simulation und virtual reality **91**
Wenn der Test zu teuer und zu gefährlich wird 91
Was ein Simulationsprogramm erzählt und was es verschweigt 92
Anschaulichkeit kann trügen 95
Im Innern des Motors 97
Big Data = Think Big? 100
Nanowelten 105
Falsche Bilder, reale Effekte 106
Virtualität 108

9. Zufall und Komplexität **117**
Was einem so widerfährt 117
Kleiner Exkurs: Ontologie 119
Die Rede vom Zufall als Verlegenheit 120
Kausalität als begriffliche Strategie der Weltbemächtigung 121
Kontingenter und prinzipieller Informationsmangel 122
Kompensationsformen von Kontingenz 127
Vertrauen und Kontrollverlust 131

Große technische Systeme 133
Kopplungen und Vernetzungen 135

10. Nicht im Sinne des Erfinders 139
Technologically sweet 139
Ist der Schraubenzieher nur zum Schrauben da? 140
Technik als Mittel für freigehaltene Zwecke 141
Das Schweizer Messer und die Universalisierung 142
Autonomie der Technik? 144

11. Wenn die Mittel den Zweck bestimmen 149
Kausalität 149
Das geht damit doch auch ... 151
Technik erzeugt Technik 154
Gibt es eine Technik, die man nicht missbrauchen kann? 157

12. Die Technik würde schon funktionieren, aber die Organisation 161
Ohne Stromrechnung kein kühles Bier 161
Wie die Organisation die Technik bestimmt 164
Was die Technik verändert 165
Menschenbilder 167

13. Wer ist für was verantwortlich? 173
Der Arzt und der Pillendreher 173
Geteilte Verantwortung 176
Der Konstrukteur und der Kunde 178
Safety, doesn't it sell? 179
Der Whistle-Blower 182
Das Prinzip der Bedingungserhaltung 184

14. Dienstleister oder Mitgestalter? 189
Sind die Techniker die Kamele, auf denen die Politiker und Kaufleute reiten? 189
Befehlsempfänger oder Künstler? 190
Herrschaft und Knechtschaft 192
Motivation - Vermutungen 195

Vom Selbstverständnis der Techniker und Ingenieure 197
Technik und Psychologie 199
Nochmal: Verantwortung 202
Gestaltung von Lebensbedingungen 203
Engineering meets Philosophy 205
Was der Ingenieur tun kann 209

15. Anhang **215**
Literatur 215
Abbildungen 220
Tabellen 222
Anmerkungen 222

Einleitung

Als ich Physik in den 60er und 70er Jahren studierte und wir Differenzialgleichungen brauchten, um etwas auszurechnen, wollten wir Studenten nicht über die Existenzbedingungen bestimmter Lösungsmannigfaltigkeiten nachdenken und über Beweise – wir wollten die Mathematik einfach nur anwenden. Also nahm ich kein Lehrbuch der Mathematik, sondern Titel wie „DGL für Ingenieure“ oder „Matrizenrechnung für Ingenieure“. Da wurde nicht groß bewiesen, sondern gezeigt, wie man es rechnet und dass es geht.

Ob das in der Philosophie auch geht? Der Titel könnte so gesehen schon fast als Frechheit aufgefasst werden. Aber so ist er nicht gemeint.

Philosophische Bücher für den akademischen Betrieb enthalten meist lange Erörterungen über einen Begriff oder ein Problem: Zuerst, was Platon schon dazu sagte, und dann das Mittelalter, und dann Leibniz, dann wie Hegel Kant verstanden hat, und dann schließt das Ganze mit ein paar vagen Andeutungen, dass auch heutige Probleme sich mit einem intensiveren Blick auf die Texte von Platon, Kant und Hegel besser verstehen und womöglich lösen ließen. Und dann? Dann ist das Buch zu Ende, der Leser hat zwar viel über Philosophiegeschichte gelernt, aber nicht, wie er sein Problem löst. Er weiß nur, er sollte noch mehr nachdenken und noch mehr lesen. Das Problem ist aber immer noch da …

Wie weit darf man vereinfachen, wenn man seinen Freunden etwas erklären will? Das ist psychologisch wiederum einfach zu beantworten: Je freundschaftlicher und vertrauter man ist, umso mehr darf man Nebensächlichkeiten, Beweise, ausführliches Material etc. weglassen – der andere vertraut einem ja. Man darf sich auch von seinem eigenen Fachvokabular entfernen und plastische Beispiele verwenden. Fußnoten sind in der Geisteswissenschaft vertrauensbildende Maßnahmen, unter Freunden kann man sie weglassen …

Es geht uns allen so – je unsicherer wir in einem Gebiet sind – und das sind wir in fast allen Gebieten außer unserem eigenen Fachgebiet – desto eher müssen wir auf die Meinung anderer, insbesondere auf die von Experten, vertrauen. Doch wer ist Experte? Auch hier hilft es nur, sich auf gewisse Anzeichen zu verlassen, die uns zeigen, wer Experte sein könnte. Denn auch Experten irren …

Dieses Vertrauen vorausgesetzt, möchte ich meinen Kollegen und Kolleginnen aus dem Ingenieurwesen und den Technikwissenschaften etwas mit Philosophie vertrauter machen. Ich will zeigen, dass sie alles andere als unnütz ist, und ich werde um etwas Geduld bitten, weil man für das Fragestellen und das Nachdenken Zeit braucht – die Zeit, die man nicht sofort in der Projektarbeit einsetzen kann, Zeit, die man nicht und Gedanken, die man nicht sofort verwenden kann. Trotzdem – und auch das will ich zeigen – gibt es eine nachhaltige Wirkung auf das eigene Leben, auf die Weise des Handelns und vielleicht auf den Stil, wie man Probleme löst. Ich will zeigen, dass Prof. Tom Morris Recht hat, wenn er sagt:

> *„Menschen … ohne Philosophie mögen spektakulär viel Geld verdienen – aber nur vorübergehend. Sie werden dafür am Ende bestraft. Immer.“*[1]

Aber was meint Tom Morris mit Philosophie? Das Wort hat ja auch eine ganz andere Bedeutung gewonnen – eben nicht nur die akademische Philosophie mit den Texten und Gedanken berühmter Philosophen. Jeden halbwegs systematischen, nach prinzipiellen Überlegungen gemahnenden Gedanken, nach dem sich jemand im Geschäft oder im Privaten richten könnte, nennt man heute gerne „Philosophie“ – eben meine Philosophie, deine Philosophie, Unternehmens-Philosophie …

Wozu brauche ich als Ingenieur Philosophie? Ist das nicht die Wissenschaft, die mit eigens dazu erfundenen Worten bewussten Unfug treibt? Die die Nadel im Heuhaufen im Dunkeln sucht, obwohl gar keine Nadel und gar kein Heuhaufen da ist?

Philosophie kommt aus dem Griechischen und heißt Liebe zur Weisheit. Aber was ist Weisheit und wer ist schon weise? Mit viel Wissen ist es nicht getan und mit nur viel Nachdenken und Grübeln auch nicht. Es geht eher darum, hartnäckig und zielsicher Fragen zu stellen. Die abendländische Philosophie – und nicht nur sie, sondern auch diejenige aller andere Kulturen – stellt seit mehr als 2000 Jahren Fragen und sie versucht auch Antworten darauf zu geben – aber diese sind Antworten jeweils in ihrer Zeit. Und die Antworten der Antike sind andere als die des Mittelalters, und diese sind wiederum andere Antworten als diejenigen, die wir heute zu geben versuchen. Deshalb ist Philosophie als fragende Haltung schon so alt und in ihre Bemühen, Antworten zu finden, immer jung. Philosophie ist daher nicht nur ein Vorläufer der modernen Wissenschaft und eine Methode, Erkenntnisse zu gewinnen, sondern auch eine Haltung, ja vielleicht sogar eine Lebensweise.

Ich habe als ausgebildeter Naturwissenschaftler (Physik) Philosophie studiert und bin dann, wie das Leben so spielt, unter die Ingenieure der Fraunhofer-Gesellschaft geraten, die zwar mit meinen Systemanalysen durchaus etwas, mit meinen wissenschaftstheoretischen Überlegungen zunächst gar nichts anfangen konnten, bis sie merkten, dass eine Diskussion über bestimmte Methoden des Vorgehens auch in den gestaltenden Wissenschaften durchaus von Vorteil sein können. Die Frage: „*Was mache ich da eigentlich …?*“ gab dann schon so manchem Kollegen den entsprechenden Drive, seine Doktorarbeit richtig zu strukturieren. Ich „überlebte“ dreizehneinhalb Jahre in einem höchst anregenden interdisziplinären Kontext und machte die Erfahrung, dass meine Kolleginnen und Kollegen aus Technik, Ingenieurswesen und Ökonomie philosophischen Überlegungen durchaus zugänglich waren und dies als hilfreich für sich selbst und ihre Arbeit betrachteten. Ja – wenn nicht immer dieses Vokabular und diese „unnötigen Abstraktionen“ gewesen wären, mit denen die philosophische Zunft so gerne daher kommt. *„Die haben ja keine Ahnung,* *aber für alles einen bombastischen Begriff*" lästerte ein Kollege. Da hatte er leider nicht ganz Unrecht…

So ist dieses Buch aus den Diskussionen, Vorlesungen, Seminaren und Workshops mit Ingenieuren, Technikern, Arbeitswissenschaftlern und Studierenden der technischen Fächer entstanden – mit hinein haben auch meine Erfahrungen gespielt, die ich als Geisteswissenschaftler an der *Brandenburgischen Technischen Universität Cottbus* beim fächerübergreifenden Studienangebot für die technischen Fächer machen konnte. Nicht zuletzt verdanke ich der Aufgeschlossenheit von Günter Spur für solche Fragen und der Deutschen Akademie für Technikwissenschaften in München und Berlin höchst anregende Grundsatzdiskussionen um das Ingenieurwesen und die Technikwissenschaften, um Technikakzeptanz und um die tieferen Strukturen technischen Wissens.

Um die Berührungsängste meiner Leserschaft zu mildern, werde ich versuchen, die Kapitel eher mit – hoffentlich anschaulichen – Beispielen und einigen fiktiven Dialogen anstatt mit abstrakten Definitionen auszustatten. Dies soll zeigen, welche Überlegungen zu einer Lösung beitragen oder gar führen könnten. Dabei werden dann die einen oder anderen philosophischen Begriffe, wo sie gebraucht werden, meist als Verallgemeinerung zur Beschreibung eines Problems eingeführt. Zwischendurch werden auch ein paar Fragen gestellt, über die man sich als Übung den Kopf zerbrechen kann. An der einen oder anderen Stelle sollen dann auch einige Methoden des philosophischen Nachdenkens ihre Anwendung finden: Phänomenologie, Begriffsanalyse, Deutung, logische Analyse und Wissenschaftstheorie und ethische Reflexion.

Die akademischen Kollegen aus der Philosophie werden es mir nachsehen, wenn ich gleich grob vereinfachend zu erklären versuche, was das heißt:

Phänomenologie: Der Versuch, möglichst ohne große begriffliche Voraussetzungen sich auf ein Problem oder eine Sache einzulassen, zu beobachten, ohne gleich zu einer Theorie oder vorschnell zu einer Gestaltung kommen zu wollen. Phänomenologie ist eine pragmatische Angelegenheit, wenn man noch keine Theorie hat. Man verfährt nach dem Motto: Mal sehen, was ist.

Kleine Übung: Versuchen Sie ohne Zuhilfenahme von Begriffen aus Ihrem Fachgebiet zu beschreiben, was sich in Ihrem Arbeitszimmer oder Büro befindet.

Begriffsanalyse: In der Mathematik ist das Geschäft schon erledigt: Saubere Definitionen (z. B. was ist ein Kreis?) erleichtern bekanntlich die Arbeit. Bei Begriffen wie Freiheit, Gerechtigkeit, Zuverlässigkeit, Wirtschaftlichkeit haben unterschiedliche Disziplinen voneinander abweichende Definitionen und damit Begriffsbedeutungen festgelegt. Man kann dabei ganz schön reinfallen. Wenn ein Wissenschaftstheoretiker oder ein Statistiker von Induktion spricht, meint er den Schluss von vielen Einzelfällen auf eine Regelmäßigkeit oder gar ein Gesetz: Wenn tausend Schwäne als weiß beobachtet wurden, sind eben alle Schwäne mit hoher Wahrscheinlichkeit weiß. David Hume (1711–1776) hat schon gezeigt, dass dies ein mit Unsicherheit behafteter Schluss ist. In der Schulmathematik kennt man die Induktion – der Schluss von n auf n+1. Dieser Schluss wiederum ist exakt, man kann sich auf ihn verlassen. In der Physik hingegen ist die Induktion die Erzeugung eines Stroms durch ein veränderliches Magnetfeld in einem Leiter. Solche Homonymien (also unterschiedliche Bedeutungen für dasselbe Wort in unterschiedlichen Kontexten) kommen in den Sozial- und Geisteswissenschaften ebenfalls vor, sind aber problematischer, wenn man die Definitionen nicht genau kennt, da sie eben von Denkrichtung und entsprechenden Schulen her, die sich gebildet haben, veränderlich sind. Die Begriffsanalyse versucht nun die Bedeutung des Begriffs, wie er gerade verwendet wird, herauszubekommen. Dazu muss man gelegentlich in der Literatur oder in Lexika nachschlagen, oder – noch besser – mit Kolleginnen und Kollegen aus anderen Fachgebieten reden.

Kleine Übung: Nehmen Sie den Begriff „Freiheit“ oder „Gerechtigkeit“. Wie viele Bedeutungen oder Begriffsdefinitionen fallen Ihnen zu diesem Wort ein?

Deutung: Die ist nicht nur die – manchmal als überflüssige angesehene – Diskussion um die Frage, was ein Satz bedeuten könnte, sondern auch was eine Tatsache, ein Umstand, ein Ereignis bedeuten könnte, und welche Rolle dies im Verstehen einer Situation oder überhaupt eines Zusammenhangs spielen könnte. Rauch ist zwar ein Anzeichen für Feuer, Rauchzeichen enthalten aber eine Botschaft, und um diese zu entschlüsseln, müsste man den Code dafür kennen. Selbst wenn man die Zeichen entschlüsselt hat, müsste man deren Bedeutung kennen, um herauszubekommen, ob die Botschaft uns gilt und was wir damit anfangen können. Gelungenen Deutungen setzen daher meist viel Wissen voraus und sind in einem umgrenzten Fachgebiet immer einfacher als in Politik, Gesellschaft oder Wirtschaft.

Kleine Übung: Ist die Geschichte der Menschheit eine Abfolge von Klassenkämpfen, oder die Folge von immer besser entwickelten Werkzeugen, oder ein ewiger Kampf um Ressourcen, Platz und Reichtümer? Oder deuten Sie die Geschichte ganz anders?

Logische Analyse: Hier wird sich der Ingenieur schon wohler fühlen, aber auch dies birgt Überraschungen: So ist die fast selbstverständliche Regel: „Wenn man weiß, dass B durch A erzeugt wird, und man B will, dann muss man A tun", die einen kausalen Zusammenhang mit einer Handlungsanleitung verbindet, keinen Satz, den man in der formalen Logik ableiten könnte. Trotzdem ist eine formallogische Analyse immer dann nützlich, wenn man Theorien auf ihre Konsistenz prüfen möchte. Allerdings ist der Aufweis von Widersprüchen für die Urheber oder Verfechter einer Theorie immer eine schmerzliche Angelegenheit …

Kleine Übung: „Alle Metalle leiten Strom. Das hier leitet Strom. Also ist es aus Metall." Stimmt der Schluss?

Wissenschaftstheorie: Sie ist eine Teildisziplin in der Philosophie, die sich dem Nachdenken über Wissenschaft widmet und Fragen behandelt wie: Was ist ein wissenschaftlicher Beweis? Wie hängen Theorie und Empirie und Praxis zusammen? Was unterscheidet Naturwissenschaften und Technikwissenschaften voneinander? Wie sieht die innere Struktur des wissenschaftlichen und des technischen Wissens aus? Wissenschaftstheorie benutzt all die schon genannten Methoden, aber insbesondere die logische Analyse und die Begriffsanalyse. Eine der wichtigsten Ergebnisse der Wissenschaftstheorie ist, dass all unser wissenschaftliches Wissen vorläufig ist, und dass unsere Beobachtungen immer abhängig von einer Vortheorie sind, die wir schon haben.

Kleine Übung: F = m · a (Kraft = Masse mal Beschleunigung). Woher wissen wir das? Ist das eine Definition für Kraft, ist es ein Naturgesetz oder eine Messvorschrift für Beschleunigung?

Die *ethische Reflexion* hat seit den 80er Jahren nicht nur in Deutschland, sondern auch weltweit einen großen Aufschwung erfahren, erkennbar an der steigenden Anzahl von Veröffentlichungen, Ethikkommissionen in vielen Gebieten und der Unzahl von ethischen Leitlinien für fast alle Berufsgruppen. Der Hintergrund war die wachsende Einschätzung, dass unsere klassische Ethik – man denke an die ersten, mehr an den Tugenden orientierten ethischen Überlegungen in der Antike (z. B. bei Aristoteles 384 – 322 v. Chr.) bis hin zum kategorischen Imperativ von Immanuel Kant (1724 – 1804) – nicht ausreichen könnte, die ethischen Probleme, insbesondere die Frage nach der Verantwortung in einer hochtechnisierten, arbeitsteiligen, komplexen und globalisierten Welt, befriedigend zu beantworten.

Kleine Übung: In der Lausitz soll das Gebiet abgebaggert werden, um neue Braunkohlenvorräte zu erschließen. Die Bewohner wehren sich, sie wollen ihr Heimatdorf nicht verlieren. Gegner der Braunkohle verweisen auf die Umwelt- und Gesundheitsschäden, Befürworter verweisen auf die Notwendigkeit einer gesicherten Stromversorgung in den ersten Phasen der Energiewende und auf den Erhalt der Arbeitsplätze in der Region. Wer hat die besseren moralischen Argumente auf seiner Seite? Was ist gut für die wirtschaftliche Entwicklung einer Region, was ist gut für die zukünftige Entwicklung der Umwelt?

Das also wird das Spektrum sein, in dem wir uns bewegen wollen – man könnte zu jedem dieser Vorgehensweisen hundert kluge Literaturangaben machen. Genau deshalb werde ich dies nicht tun – es geht nicht um den Nachweis, dass ich alles richtig abgeschrieben habe, sondern der Text soll Sie, lieber Leser, dazu anregen, selber philosophisch, also fragend und nachdenkend tätig zu werden. Deshalb wird es hinten im Buch auch keine Lösungen zu den *Kleinen Übungen* geben.

1. Wozu eigentlich Philosophie?

Man spottet gerne über das, was man nicht kennt

A: „Haben Sie heute schon philosophiert?"
B: „Unsinn, ich habe zu tun, nicht zu grübeln."
A: „Wissen Sie denn, was Sie gerade tun?"
B: „Schon, das ist mein Beruf – als Experte weiß man, was man zu tun hat."
A: „Warum fragen Sie dann alle halbe Stunde Frau S., ob Sie den Prototypen freigeben sollen oder nicht?"
B: „Ganz einfach, weil das eine schwerwiegende, kostenintensive Entscheidung ist und schwerwiegende Entscheidungen soll man gut vorbereiten."
A: „Aber man braucht doch nicht lange, um eine Entscheidung vorzubereiten und zu fällen, wenn man eindeutig weiß, was die beste Alternative ist."
B: „Wenn man das wüsste – da geht es ganz einfach darum, ob wir uns in der Firma so viel Umweltschutz für unser Image leisten sollen oder ob wir wegen der angespannten Konjunktur doch wirtschaftlich lieber auf Nummer sicher gehen sollen. Der Prototyp, um den es geht, ist voll recycelbar, aber teuer, und das schlägt sich auf den Absatz nieder."
A: Wieso kann man den Leuten nicht beibringen, dass ein umweltfreundliches Produkt eben etwas teurer ist – dafür müssen sie nachher nicht mehr für die Entsorgung bezahlen, die Ihre Firma ja doch nicht übernimmt".
B: „Schon – Aber das sind Sachen, die mich eigentlich nichts angehen. Ich habe für ein ordentliches Produkt zu sorgen, eines, das das Pflichtenheft erfüllt, und ich bin für die Entwicklung und Vorbereitung der Herstellung verantwortlich. Das muss funktionieren. Woher soll ich wissen, was die Leute wollen."
A: „Was wollen Sie denn?"

B: „Das hat mich bis jetzt noch keiner gefragt. Natürlich will ich auch ein umweltfreundliches Produkt, das mir bei der Entsorgung nachher nicht auf der Tasche oder womöglich auf dem Gewissen liegt. Aber mehr bezahlen will ich eben auch nicht."

A: „Ist das nicht ein Widerspruch?"

B: „Das wird mir jetzt zu philosophisch – das führt doch zu nix ..." Greift zum Telefonhörer, um Frau S. anzurufen.

Entscheidungen sind so eine Sache: Man sollte wissen, wofür und wogegen man sich entscheiden kann, also die Optionen kennen, dann sollte man Kriterien haben, nach denen man die Optionen bewerten kann, und wenn es klar ist, welche Option die Beste ist, entscheidet man. Alles klar? Nein.

Manchmal besteht Handlungsbedarf: Es soll möglichst schnell auf ein Produkt der Konkurrenz reagiert werden. Eigentlich müsste man erst die Optionen alle zusammenstellen, damit man weiß, was die Möglichkeiten sind, die man hat. So hat man das mal gelernt: Unvollständige Information ist Gift für gute Entscheidungen, auch wenn man manchmal das Gefühl hat, dass spontane und unausgegorene Entscheidungen vielleicht besser wären. Eigentlich müsste man jetzt auch Kriterien haben, wonach man beurteilt und da gibt es – da fangen schon die Diskussionen an – offensichtlich unterschiedliche Auffassungen. Obwohl die Beschreibung des Produkts vorliegt (mit Pflichtenheft und Leistungsumfang etc.), kommen Bedenken: Der eine denkt in wirtschaftlichen Kategorien – die Sache muss sich rechnen und niemand hat Geld zu verschenken. Der andere ist ökologisch gesinnt – Geld hin, Geld her, wenn wir der Umwelt schaden, sägen wir den Ast ab, auf dem alle sitzen. Der Dritte denkt an das Image der Firma – wie, wenn wegen eines schlechten Ansehens der Absatz zusammenbricht und Arbeitsplätze verloren gehen. Wieder einem Anderen geht Sicherheit über alles – was nützt ein Produkt, das die Gesundheit der Kunden gefährdet? Dem Nächsten gefällt das Aussehen des Produkts nicht – das bringt doch keiner auf den Markt. Und noch einer – noch lange nicht der Letzte – meint, dass das Ganze so, wie gedacht, technisch nicht befriedigend funktioniert oder auch es für etwas ganz anderes benützt werden könnte, als für was es vorgesehen war. Was also wäre wichtiger?

Viele Leute, viele Meinungen – wenn der Verantwortliche sie zulässt. Eine Diskussion, wie sie jeder kennt, und die sich stundenlang hinziehen kann, denn solche Sitzungen zeichnen sich dadurch aus, so Karl Kraus, dass schon alles gesagt wurde, es aber noch nicht alle gesagt haben.

Man kann solche Sitzungen abkürzen, indem man die einzelnen Vertreter fragt, warum sie ihre Position vertreten und warum sie meinen, dass das, was sie für am wichtigsten halten, denn so wichtig sei. Gleich wird es ungemütlich, denn so genau habe man sich das ja noch nicht überlegt, und überhaupt, warum solle man seine Meinung überhaupt begründen, es reiche doch schließlich, dass man sie habe – jeder dürfe ja seine eigene Meinung haben. Aber vielleicht müsse man doch noch einmal nachschauen, sicher gäbe es gute Gründe …

Es gibt nichts praktischeres als eine gute Theorie

Der Psychologe Kurt Lewin benutzte gerne den Satz: „*Es gibt nichts praktischeres als eine gute Theorie*".[2] Das war nicht nur so daher gesagt, denn eine gute Theorie erlaubt in der Wissenschaft zusammen mit der Kenntnis von Anfangs- und Randbedingungen Voraussagen, und aufgrund von zuverlässigen Voraussagen kann man entsprechend handeln. Wenn also eine Entscheidung ansteht, in privaten wie in geschäftlichen, in technischen wie in ökonomischen Bereichen, selbst in der viel gescholtenen Politik, ist ein strukturiertes Hintergrundwissen immer von Vorteil. Ein solches strukturiertes Hintergrundwissen nennen wir eine Theorie, wenn dieses Wissen als richtig und begründbar erscheint – und wir bedienen uns dessen tagtäglich, aus unserem Schul-, Berufs- und Ausbildungswissen. Was aber, wenn wir kein Hintergrundwissen dafür haben, ob jetzt der wirtschaftliche, der umweltfreundliche, der öffentliche Aspekt, der Sicherheitsaspekt, der ästhetische oder funktionale Aspekt (um beim Beispiel oben zu bleiben) zu bevorzugen ist? Dann bräuchten wir eine Theorie, die wir aber noch nicht haben oder kennen. Also müssten wir nachlesen oder nachfragen oder notfalls selber nachdenken – denn spätestens die kontroverse Diskussion zwingt dazu.

Genau das ist die Anstrengung, vor der wir uns *vor* der Diskussion gedrückt haben – eine Begründung unserer Ansichten zwingt uns, das, was wir wissen, in einem Gesamtzusammenhang zu sehen, den die anderen auch so sehen können – eine gemeinsame Sache, aufgrund derer wir beginnen, Argumente zu akzeptieren. Genau das ist die Idee von einer Theorie: Durch ein Wissen, das von allen Beteiligten akzeptiert wird, wird die eigene Ansicht begründet und damit kann sie von den anderen verstanden und bejaht werden. Das heißt aber noch lange nicht, dass, wenn alle einverstanden sind, die Theorie deshalb schon „richtig“ oder gar „wahr“ ist.

Der griechische Philosoph und Schüler des Sokrates, Platon (428–347 v. Chr.) verstand unter dem Wissen die wahre, gerechtfertigte Meinung. Lassen wir die Frage, was denn das Wahre an einer Meinung sei, einmal weg, weil das jetzt zu weit führt – schließlich müssen wir uns ja nach der Diskussion entscheiden – so liegt der Knackpunkt bei dem Ausdruck „gerechtfertigt“. Gemeint ist hier nicht die religiöse Bedeutung des Wortes „Rechtfertigung“,[3] sondern einfach der Umstand, dass man für seine Meinung gute Gründe ins Feld führen kann, also solche, die andere ebenfalls aufgrund ihres Wissens und ihrer Erfahrung akzeptieren können. Das hört sich noch etwas schwach an, aber wenn man bedenkt, dass eine Meinung bei Platon schon so etwas wie eine „Lehre“ ist, also ein Gebäude von zusammenhängenden, sich nicht widersprechenden Sätzen, die man für wahr hält, die man begründen und vor allem auch verständlich mitteilen kann, kommt man dem heutigen Begriff der Theorie schon recht nahe.

Ingenieure und gerade Naturwissenschaftler neigen oft dazu, ihre Erkenntnisse für objektiv, also eben nicht bloß für eine Meinung zu halten – und zwar deshalb, weil sie eine sehr gute Begründung dafür haben: Es sind die experimentelle Erfahrung *und* die logische, innere

Konsistenz ihrer Theorien, die die Naturwissenschaften so erfolgreich gemacht haben. Schließlich sind die Ergebnisse der Technik zu nennen – praktischer Erfolg gibt oftmals theoretisch recht – allerdings nicht immer.

Heute wissen wir, nicht nur durch die Analysen der Wissenschaftstheorie, dass der Versuch, alles in naturwissenschaftlichen Kategorien zu denken, scheitern muss: Naturwissenschaft kann keine Fragen danach beantworten, was wir tun sollen, sie kann keine Sinnfragen und auch keine Warum-Fragen beantworten. Dafür ist sie nicht geeignet, hier ist ihre Grenze, und das gilt auch für das technische Wissen.

Nachdenken hat noch nie geschadet

Als der Tausendfüßler über seine Beine und deren Bewegungskoordination tief nachdachte, geriet er ins Stolpern – die Theorie als Feind der Praxis? Das sah auch Hermann Weyl, der große Physiker und Mathematiker, so:

> *„Die philosophische Klärung bleibt eine große Aufgabe von völlig anderer Art, als sie den Einzelwissenschaften zufällt. Da sehe nun der Philosoph zu. Mit den Kettengewichten, der in jener Aufgabe liegenden Schwierigkeiten behänge und behindere man aber nicht das Vorwärtsschreiten der konkreten Gegenstandsgebieten zugewandten Einzelwissenschaften."*[4]

Also sollten sich die Philosophen aus dem Alltagsgeschäft besser heraushalten und keine unerbetenen Ratschläge geben? Ja und Nein – wie sehen denn solche Rechtfertigungen in Diskussionen wie oben aus? Woher weiß ich denn, wer die besseren Argumente hat oder was die besseren Argumente sind? Sichert das die Wissenschaftlichkeit durch ihre Methodik alleine schon ab? Es könnte ja sein, dass in unserem Meeting lauter Leute sitzen, die sich einig sind, dass Wirtschaftlichkeit eines Produkts (also die Gewinnerwartung) wichtiger ist als Sicherheit, egal, mit welcher Theorie sie abgeschätzt worden ist. Wenn sich die Kollegen und Kolleginnen schnell einig geworden sind, werden sie denjenigen, der dann noch Fragen stellt, als Störenfried ansehen. Könnte es nicht sein, dass dann, obwohl die Abstimmung 5:1 für den wirtschaftlicheren Vorschlag lautet, die Minderheitenmeinung, die auf mehr Sicherheit pocht, doch etwas „mehr“ im Recht ist als die Mehrheit? Ist die Mehrheit ein Kriterium für die Richtigkeit einer Entscheidung? Das ist eine philosophische, keine technische, ökonomische oder organisatorische Frage.

Abb. 1: Ist die Wahrheit eine Frage der Mehrheit?

Meine Ingenieurskollegen sagen gerne, dass man nicht gegen die Physik und die Naturgesetze abstimmen kann, und wenn genügend kompetente Fachleute beisammen säßen, man auch keine quasi-demokratische Abstimmung bräuchte, weil sich eine beste Lösung schon aus dem versammelten Sachverstand und den Naturgesetzen ergäbe. Richtig – und nichts gegen den versammelten Sachverstand. Aber auch da verlaufen die Diskussionen nach meiner Erfahrung genauso wie im richtigen Leben. Man kann sich über die Interpretation von Daten streiten, um die geeigneten Hypothesen, um Konstruktionsdetails, um Kosten … Seufzend kommt man zur Einsicht, dass es „die Wahrheit“ in Reinform sowieso nicht gäbe und dass man sich eben einigen müsse. Da capo …

Probieren und Studieren

Schließlich kommt der Vorschlag, die ganze Sache anhand eines Testlaufs auszuprobieren – z. B. an einem Prototyp oder bei einer Vorversion auf dem Markt oder wie auch immer. Da man ohnehin nicht weiter weiß und alle Arbeitskreise schon gebildet sind, erhofft man sich eine Entlastungsfunktion von der „Realität". Die Wirklichkeit wird uns schon zeigen, was die beste Lösung ist. Aber wie macht das die Wirklichkeit? Liefert sie uns das Wissen und die Argumente, die uns noch gefehlt haben? Liefert sie wirklich die Begründungen, die wir brauchen?

Probieren geht über Studieren – eine nicht ganz abwegige Volksweisheit. Aber warum ist das so? Mit Studieren ist in diesem Zusammenhang das Erstellen oder Erarbeiten einer Theorie gemeint, also eines Erklärungszusammenhangs, der unsere Argumente für das eine oder andere Kriterium bei unseren Entscheidungen rechtfertigen soll. Auch wenn wir die Theorie nicht haben und durch Test oder Experiment eine Antwort suchen, haben wir doch eine Vorstellung von dem, was beim Test oder Experiment herauskommen könnte – zwar noch nicht genau, aber die Möglichkeiten selbst, d. h. die Palette möglicher Antworten steht dann schon fest. Das nennen wir Hypothese oder Vortheorie.[5] Und diese Vortheorie verlangt auch nach einer Begründung, denn der andere soll ja zustimmen, dass der Test durchgeführt werden soll. Denn Tests können ja auch recht kostenaufwendig werden. Das bedeutet: Probieren geht eben doch nicht ganz ohne Studieren.

Die verflixten Warum-Fragen

Studieren kann man nur richtig, wenn man Fragen stellt. Wir wollen wissen, warum etwas funktioniert, wie es funktioniert und womit es funktioniert. Wir wollen wissen, was es kostet, wer beteilig ist, wo das Ganze stattfinden soll – all die Fragen, die man manchmal stellen muss, und die man zuweilen auch stellen kann, wenn man etwas hinauszögern oder verhindern will. Abgesehen von der letzten, böswilligen Variante sind jedoch die Warum-Fragen die verflixten Fragen – vor allem, weil man jede Antwort mit einer weiteren Warum-Frage kontern kann. Man kann das als Spiel ansehen – so wie es Kinder machen, wenn sie nicht ins Bett wollen und den Papa, der doch alles weiß, zu Verzweiflung treiben – man kann es aber auch ernst nehmen und damit die Grenzen seines Wissens oder seiner eigenen Theorie testen. Man braucht gar nicht viele Warum-Fragen – und in der Technik landet man ziemlich schnell bei den Naturwissenschaften, und weiter bei – ja eben – philosophischen Fragen:

„Papa, warum macht ein Flugzeug so viel Lärm?"
„Weil es, neben dem Krach der Motoren, die Luft, durch die es fliegt, verdrängt." (Papa gibt noch eine Erklärung mit dem Lineal, das er hörbar durch die Luft sausen lässt.)
„Papa, warum verdrängt der Flieger Luft?"
„Weil da, wo der Flieger ist, keine Luft sein kann und umgekehrt. Wo Du bist, kann ich nicht sitzen, und wo ich bin, kannst Du nicht sein."
„Papa, warum können wir nicht am gleichen Platz sein?"
„Weil die Moleküle, aus denen wir bestehen, sich abstoßen."
„Warum tun die das?"
„Weil es Kräfte zwischen den Molekülen (und Atomen) gibt, die das verhindern."
„Warum gibt es Kräfte?"
(holt Luft) „Damit die Welt nicht in sich zusammenfällt."
„Wäre das schlimm?"
„Ja, dann gäbe es Dich und mich nicht mehr."
„Warum gibt es uns – und überhaupt etwas?"
„Jetzt ist gut – jetzt geht's ins Bett."

Das ist genau der Dreh, um den es geht. Philosophie stellt Fragen, weil sie die Grenzen der Erkenntnis herausfinden möchte, und damit herausfinden möchte, wie Erkenntnis entsteht und ob und wie man sich dieser Erkenntnis gewiss sein kann. Das Dumme ist, dass gerade die Warum-Fragen uns ziemlich schnell an den Rand unseres Wissens bringen – das geht auch bei Fachleuten ganz leicht – und der Dialog dann irgendwann einmal abgebrochen wird – scheinbar ohne Ergebnis. Schließlich hat man ja noch zu arbeiten, Zeit ist Geld, und überhaupt …

Natürlich gibt es in der Philosophiegeschichte dafür ein Vorbild. Es ist Sokrates (469–399 v. Chr.). Er treibt sich auf dem Markt herum und fragt Leute danach aus, was sie zu wissen vorgeben. Denn das Orakel von Delphi hatte ihn als den weisesten Mann Griechenlands genannt, was er in seiner Bescheidenheit nicht auf sich sitzen lassen wollte. Also ging er hin, jemand Weiseren zu suchen, indem er Fachleute ansprach: Den General fragt er nach Tapferkeit, den Priester nach Frömmigkeit, den Lehrer nach Lehrbarkeit der Tugend, den Mathematiker nach Erkenntnis. Und siehe da – hartnäckiges Fragen bringt die „Fachleute“ dazu, zuzugeben, dass sie auch nicht so recht wissen, was Tapferkeit, Frömmigkeit, Lehrbarkeit eigentlich ist; sie alle verheddern sich in Widersprüche. Sokrates ist derjenige, der durch hartnäckiges Fragen diese Widersprüche an den Tag bringt. Dann wollen die Gesprächspartner den Spieß herumdrehen und sie fordern von Sokrates die endgültige Antwort. Der aber meint verschmitzt, er habe ja nie behauptet, dass er Fachmann sei – also könne man von ihm auch keine Antwort erwarten. Düpiert muss der Gesprächspartner zur Kenntnis nehmen, dass Sokrates schon vorher wusste, dass er nichts weiß, aber ihm, dem Fachmann, vor seinem Dialog mit Sokrates nicht klar war, dass er nichts wusste von dem, was er eigentlich zu wissen glaubte. Und so haben die meisten Dialoge mit Sokrates ein offenes Ende. Damit macht man sich keine Freunde – und Sokrates wurde als angeblicher Verderber der Jugend und Leugner der Götter in Athen 399 v. Chr. hingerichtet, indem man ihn zwang, den Giftbecher zu trinken.

Das ist ja die Kritik der Ingenieure und Naturwissenschaftler an der Philosophie – dass sie zu nichts führe, kein Ergebnis habe, nur herum diskutiere – man müsse doch schließlich in einer absehbaren Zeit zu einer Entscheidung kommen. Aber ist die Diskussion um eine Entscheidung, wie sie oben im Text skizziert worden ist, nicht auch der Versuch, auszuloten, was man weiß, und was man nicht weiß, um die Optionen besser erkennen und bewerten zu können, um die eigenen Argumente begründen zu können?

Ja und Nein – denn wenn man sich die Naturwissenschaften genauer anschaut – und das haben die Wissenschaftstheoretiker (eine Untergruppe von Philosophen) getan – dann stellt man fest, dass z. B. die Physik keine Warum-Fragen beantwortet. Sie liefert Erklärungen über das Wie, aber warum es die Welt gibt, „bleibt den Philosophen überlassen". Auch in der Technik beantwortet niemand gerne Warum-Fragen, weil es keine Antworten darauf gibt, die technisch gesehen problemlösend wären.

„Warum"-Fragen und Fragen wie: „Was ist eigentlich …" sind jedoch recht hartnäckig – wie die kleinen Kinder, die sie stellen. Lassen wir uns auf sie ein, zeigen sie uns unsere Grenzen, wehren wir sie ab, kommen sie durch die Hintertür, am Strand, beim Einschlafen, beim Lesen, in einer Sitzung oder in einer Konflikt- und Krisensituation garantiert wieder auf uns zu. Sie gehören zum Menschen – und zum Nachdenken.

Ach ja – wir sollten doch eine Entscheidung fällen. Das haben wir. Wir haben uns auf den Test verlassen. Der zeigte uns, dass sich Sicherheit sehr wohl ganz gut verkauft und das gab den Ausschlag. Wenn Theorie und Erfahrung zusammenprallen, muss die Theorie nachgeben. Soweit so gut. Aber es gibt keine Erfahrung ohne Vortheorie. Deshalb mussten wir auch so viel nachdenken, bis uns die Idee zum Test kam.

Nachdenken – die Zweite

Bei der Szene über das Nachdenken müssen wir noch etwas nachdrehen. Hermann Weyl sprach weiter oben von Kettengewichten, mit denen die Philosophen die Wissenschaftler behängen. Nachdenken ist mühselig. Und es hängt in eigentümlicher Weise von der Sprache ab. Auch Mathematik ist so etwas wie eine Sprache, in der man rasch und präzise ausdrücken kann, was sich mathematisieren lässt. Das gilt ganz besonders für die Technik- und Naturwissenschaften, aber immer mehr auch für andere Wissenschaften, die sich der Mathematik bedienen. Diese Sprache muss man – zuweilen etwas mühselig – erlernen. Beim Nachdenken in der Philosophie hat sich, wie bei anderen Disziplinen auch, im Laufe der zweieinhalbtausend Jahre, seit es die Philosophie gibt, eine Fachsprache entwickelt, die man ebenfalls erlernen kann. Dafür müsste man sich ein wenig mit der philosophischen Tradition auseinandersetzen.[6] Da aber Philosophie als hartnäckiges Fragen alle angeht, kann sie sich nicht einfach auf ihren Fachjargon zurückziehen. Dies tut sie im akademischen Bereich aber sehr oft. Und dann gilt sie – mit Recht – als abgehoben.

Ganz schlimm war dies im 19. Jahrhundert, indem es literarisch und auch sonst als besonders chic galt, möglichst komplizierte Sätze zu formen, für die heutige Deutschlehrer wohl keine „Baugenehmigung" mehr erteilen würden. Eine Kostprobe? Gerne … So grenzte z. B. Friedrich Schelling (1775–1854) die spekulative Physik von der empirischen Physik mit folgendem Satz ab:

„… welcher Unterschied sich hauptsächlich darauf reduciert,
dass jene [gemeint ist die spekulative Physik]
einzig und allein mit den ursprünglichen Bewegungsursachen in der Natur, also allein mit den dynamischen Erscheinungen
diese dagegen [gemeint ist die empirische Physik]
nur mit dem sekundären Bewegungen und selbst mit den ursprünglich nur als mechanisch (also auch der mathematischen konstructionfähigen)
sich beschäftigt,
da jene
überhaupt auf das innere Triebwerk und das, was die Natur nicht-objectiv ist,
diese hingegen
nur auf die Oberfläche der Natur und das, was an ihr objectiv und gleichsam Außenseite ist,
sich richtet." [7]

Zur Verdeutlichung kann man die Unterschiede, die Schelling in diesem Satz anspricht, auch in einer Tabelle anordnen:

Tabelle 1: Unterscheidung spekulativer und empirischer Physik nach F. Schelling

Spekulative Physik	empirische Physik
ursprüngliche Bewegungsursachen	sekundäre Bewegungen
dynamische Erscheinungen	mechanische Bewegungen, soweit mathematisierbar
inneres Triebwerk, was an der Natur nicht objektiv ist	Oberfläche der Natur, was an ihr objektiv ist
Innenseite	Außenseite

Daraus folgt, dass man komplizierte Sätze meist durch kommentierte Tabellen ersetzen kann, wenn man ihre Struktur erfasst hat.

Kommen wir kurz zum Inhalt des Satzes. Hinter diesem grammatikalischen Ungetüm steckt die naturphilosophische These, wonach man die Naturgesetze zwar nicht direkt beobachten könne, sie aber die treibende und prinzipielle Kraft im Naturgeschehen seien. Denn man könne sie nur über Spekulation (also Nachdenken, was bei Schelling auch die mathematische Durchdringung mit einschließt) erschließen, während die reine Beobachtung nur das oberflächliche Verhalten zu erkennen erlaube. Bei aller Kritik an der Art und Weise seiner Formulierung sagt Schelling jedoch etwas Richtiges: Die Theorie bestimmt, was beobachtbar ist. Mit diesem Satz hat Albert Einstein schon Werner Heisenberg, den Mitschöpfer der Quantentheorie verblüfft.[8] Naturgesetze und ihre mathematische Struktur werden in den Naturwissenschaften immer noch als das Fundamentalere angesehen als die bloße Beobachtung, die ohne Theorie „blind" wäre. Dies ist auch im Wesentlichen der Ansatz der – nicht nur theoretischen – Physik heute.

Die Kostprobe soll zeigen: Man kann solche Texte durchaus „übersetzen". Und manchmal steckt eine auch heute noch wichtige Erkenntnis dahinter. Allein der Satzbau ist also noch kein Grund für Unverständlichkeit, es geht auch nicht um das vielleicht fremd anmutende Vokabular. Denn es gibt auch höchst schwierige Texte in der Philosophie mit einem ganz einfachen Satzbau und ohne philosophisches Vokabular. So schreibt Wittgenstein in seinem *tractatus logico-philosophicus* (lat. Logisch-philosophische Abhandlung) trocken und knapp:[9]

> *„1 Die Welt ist alles, was der Fall ist.*
> *1.1 Die Welt ist die Gesamtheit der Tatsachen, nicht der Dinge.*
> *1.11 Die Welt ist durch die Tatsachen bestimmt und dadurch, dass es alle Tatsachen sind.*
> *1.12 Denn, die Gesamtheit der Tatsachen bestimmt, was der Fall ist und auch, was alles nicht der Fall ist.*
> *1.13 Die Tatsachen im logischen Raum sind die Welt …“*

Am Ende seiner Abhandlung kommt Wittgenstein zur Einsicht:

> *„6.54 Meine Sätze erläutern dadurch, dass sie der, welcher mich versteht, am Ende als unsinnig erkennt, wenn er durch sie – auf ihnen – über sie hinausgestiegen ist. (Er muss sozusagen die Leiter wegwerfen, nachdem er auf ihr hinaufgestiegen ist.)*
> *Er muss diese Sätze überwinden, dann sieht er die Welt richtig.*
> *7 Wovon man nicht sprechen kann, darüber muss man schweigen.“*

Ein solcher Text ist in der Philosophie nicht unbedingt ein „sachlicher“ Text. Sachlich heißt, dass Definitionen oder Fakten wie z. B. in der Technik dargestellt werden. Sondern es handelt sich um einen Text, der zum Interpretieren und zur Deutung auffordert – also das, was ein Rechtsanwalt auch tut, wenn er in den Gesetzen liest und sie zugunsten seines Falles zu verstehen versucht. Diese Kunst der Interpretation – der Fachausdruck heißt Hermeneutik, das griechische Wort für die Kunst des Auslegens – dient nicht nur dazu, besser verstehen können, was im Text steht und was „gemeint“ ist. Dieses Problem hat man auch, wenn man ein Lehrbuch der Konstruktionslehre oder theoretischen Mechanik oder gar eine Bedienungsanleitung liest. Bei philosophischen Texten geht es auch darum, dass man sich bei der Lektüre zu Gedanken anregen lässt, sich mit dem Gesagten oder Geschriebenen auseinandersetzt, den Text vielleicht kritisiert und dadurch neue Einsichten gewinnt, die übrigens mit dem Ausgangstext gar nicht mehr viel zu tun haben müssen. Das zeigt sich ganz massiv auch am Beispiel der Bedienungsanleitung: Natürlich gilt es – besonders beim jugendlichen Endnutzer – als unsportlich, sie zu lesen, denn man will zuerst eigene Erfahrungen mit dem Gerät machen. Wenn das eine oder andere nicht klappt, beginnt man doch zu lesen und ärgert sich über die Unverständlichkeit. Nach dem Lesen kommt man aber doch auf noch ganz andere Gedanken, dass es nützlich gewesen wäre, vorher zu studieren, statt nur zu probieren. Und dann kommt man vielleicht auch noch auf Ideen, wozu ein Gerät sonst noch verwendet werden könnte – wenn auch vielleicht nicht ganz im Sinne des Erfinders …

Das Nachdenken wird also den Text und die Sprache nicht los – was nicht heißt, dass man nicht auch über eine Konstruktionszeichnung oder einen Schaltplan nachdenken und zu neuen Einsichten kommen könnte. Auch dies ist ein Interpretationsprozess, wenn auch aus anderer Perspektive – und etwas abgewandelt mag dies auch für Musik gelten (siehe Abb. 2).

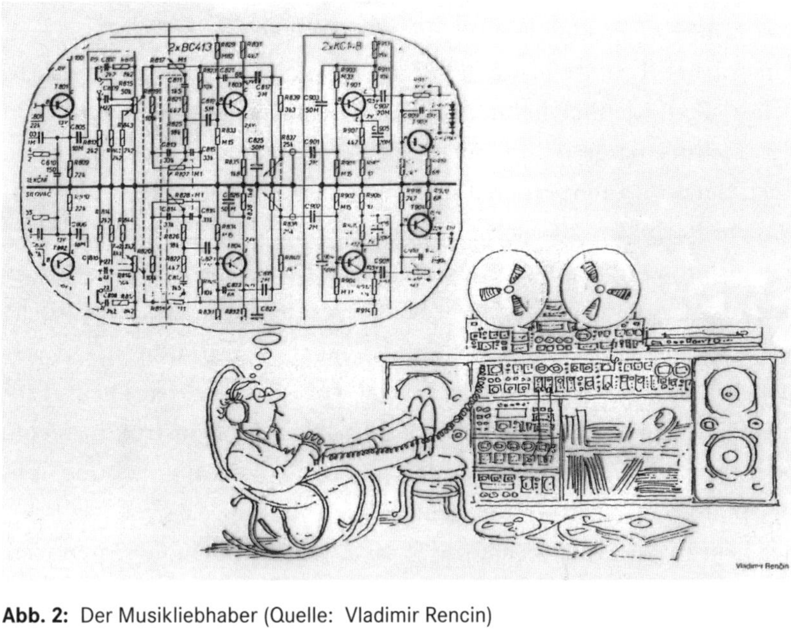

Abb. 2: Der Musikliebhaber (Quelle: Vladimir Rencin)

Allerdings – warum soll man über eine Schaltung oder Konstruktionszeichnung philosophieren, wenn das, was sie zeigt, funktioniert? Die Antwort ist einfach – weil man dadurch auf Gedanken kommen könnte, die zu völlig neuen Prinzipien, wie man Schaltungen entwerfen kann, führen könnten. Die Zeichnung ist die Sprache des Ingenieurs – richtig. Und auch diese „Sprache" wird man beim Nachdenken nicht los – wir denken nicht nur durch und in unserer Sprache, wir denken auch in Bildern – und diese Bilder sind im Alltag sehr häufig dadurch bestimmt, was wir technisch „machen" können.

Noch ein paar *Nachfragen als kleine Übung:*

Gibt es in der Philosophie seit Platon und Aristoteles überhaupt einen Fortschritt? Aristoteles hat über die Physik vier Bücher geschrieben, Platon unter anderem über den Staat. Sind wir heute weiter? Was meinen Sie?

Gottfried Wilhelm Leibniz hat die Frage gestellt: „*Warum gibt es etwas und vielmehr nicht nichts?*"[10]

Sicher lösen Beantwortungsversuche keine einzige technische Frage und dennoch bestimmt das Nachdenken über diese Frage – wenn wir uns darauf einlassen – unser eigenes Weltbild, das wir uns jeweils persönlich machen. Viel geistiges Vergnügen mit dieser Frage ...

Immanuel Kant hat die wohl vier wichtigsten Fragen der Philosophie formuliert: „Was sollen wir tun?"; „Was können wir wissen?", „Worauf sollen wir hoffen?" und „Was ist der Mensch?".[11]

Diese Fragen gehören zu unterschiedlichen Disziplinen der Philosophie, nämlich der Ethik, der Erkenntnistheorie, der Metaphysik und der philosophischen Anthropologie, also dem philosophischen Nachdenken über die Rolle des Menschen in der Welt. Wenn Sie versuchen, sich eine Antwort auf diese Fragen zurechtzulegen, werden Sie feststellen, dass Ihre Antworten durchaus etwas mit den Problemen, die Sie als Ingenieur lösen müssen, zu tun haben. Oder ist das zu weit hergeholt? Vielleicht diskutieren Sie erst mal mit Freunden darüber.

2. Es funktioniert doch ...

Eine der elementaren Regeln, die gerade ältere Ingenieure ins Feld führen, heißt: „Schaffe, nit schwätze!“[12]

Die nicht zielführende Diskussion ist, wenn überhaupt, auf ein Minimum zu begrenzen, entscheidend sind die Handlungen, sprich die Arbeit am Projekt oder an der Aufgabe. Zeitdruck mag eine verständliche Begründung hierfür abgeben, tiefer jedoch sitzt der Argwohn gegenüber Argumenten, die sich nicht an „der Sache“, d. h. an der technischen Funktionalität selbst orientieren. Dazu gehört auch die Einsicht, dass man nicht jeden Kausalzusammenhang kennen muss, um technisch erfolgreich handeln zu können – das heißt auch, dass man nicht jede nach dem Kausalzusammenhang gerichtete „Warum-Frage“ beantwortet haben muss, um erfolgreich ein Gerät zu bauen. Das verlängert sich im Extremfall bis hin zum Arbeiter, der nicht weiß, was er tut, wenn er arbeitet, weil er das Produkt nicht kennt, zu dessen Herstellung er beiträgt.

Viele Ingenieure sind im Übrigen der Auffassung, dass man erst das, was man bauen kann, auch richtig verstanden habe. Aber was hat man verstanden, wenn man „es“ gebaut hat?

Wenn man die Regeln kennt, funktioniert es auch ohne Wissen

McLean, für seine Sparsamkeit bekannt, muss eine Autowerkstatt aufsuchen – irgendetwas klemmt bei der Lenkung. Der Kfz-Meister schaut sich die Sache an, holt einen Hammer und schläft kräftig auf eine bestimmte Stelle. Die Blockade löst sich – „Kostet 50 $, Sir." McLean fragt erstaunt: „Wie das? Das war doch nur ein Schlag mit dem Hammer." „Richtig – 10 $ fürs Draufhauen und 40 $ für das Wissen, wohin!"

Wir handeln jeden Tag mehr oder weniger erfolgreich, ohne diese Handlungen und womöglich die Mittel, die wir zur Handlung eingesetzt haben, begründen zu können. Es ist ein Unterschied, ob ich handle, weil ich aufgrund eines mir bewussten Ziels und eines bekannten kausalen Zusammenhangs vorgehe, daraufhin ein gewisses Mittel gewählt habe und es auch einsetze, oder ob ich aufgrund einer Regel, deren Begründung und Zustandekommen ich nicht kenne, ebenfalls erfolgreich handele. Drastisch ausgedrückt: Das gewollte Zeugen von Kindern bedarf keiner höheren medizinischen oder biologischen Kenntnisse, aber die Befolgung einiger Regeln aus der Anatomie und der Psychologie, die junge Menschen offensichtlich schnell lernen. Das Führen von Fahrzeugen klappt auch ohne detaillierte Kenntnisse von Elektronik und Maschinenbau. Es ist jedoch so gut wie unmöglich, ein neues Betriebssystem zu entwerfen, wenn man nicht über die entsprechenden Kenntnisse verfügt. Es scheint eine Grundüberzeugung bei Ingenieuren zu sein, dass sie alle technischen Handlungen, die sie bei dem Bau und dem Gebrauch von Technik durchführen, dem Grunde nach kausal begründen könnten, diese im Alltagsgeschäft aber nur begründen, wenn es wirklich nötig sein sollte. Tatsächlich ist die Arbeitsteilung aber mittlerweile so ausdifferenziert, dass die meisten Kenntnisse, über die wir in Wissenschaft und der Technik verfügen, keine Kenntnisse über kausale Zusammenhänge, sondern lediglich Regelkenntnisse sind.

Know why und know how

Der Unterschied ist der zwischen *know why* und *know how*: Wenn ich weiß, dass der Zustand A den Effekt B ausmacht und warum dies so ist *(know why),* und ich will den Effekt B haben, dann ist es wohl vernünftig, es mit A zu versuchen *(know how)*. Die „vernünftige" Begründung hat es übrigens in sich: sie ist nicht streng logisch, d. h. man kann aus der Implikation, dass aus A B folgt, nicht die Regel: „wenn Du B willst, tue A" ableiten. Aber probieren kann man es ja mal. Und interessanterweise scheint das doch ein – in den meisten Fällen – erfolgreiches Vorgehen zu sein. Doch wenn es praktisch zugeht, dann kann selbst ein Auszubildender den einen oder anderen Handgriff durchführen und eine Maschine bedienen, ohne eine dazu gehörende naturwissenschaftliche oder technikwissenschaftliche Begründung zu kennen.

Dies hat dazu geführt, dass man im Ausbildungsbereich bis hin zur Wissenschaft Unterscheidungen danach trifft, ob man etwas nach den „Regeln der Kunst" oder wissenschaftlich betreibt. „Nach Regeln" bedeutet, dass man wie nach einer Bau- oder Bedienungsanleitung etwas zusammenbaut, repariert, in Gang setzt und bedient, was einer eher handwerklichen Tätigkeit entspricht. Ein neues Gerät, ein neues Verfahren oder eine neue Dienstleistung zu entwickeln geht heute nur noch aufgrund wissenschaftlicher Erkenntnisse – und das sind beileibe eben nicht nur naturwissenschaftliche Erkenntnisse, sondern, wie wir noch sehen werden, auch psychologische, organisatorische, soziologische, ökonomische und auch ethische Erkenntnisse.

Allerdings beginnt sich diese Unterscheidung, die sich in der früheren Trennung von Gestaltung (Design), Erfahrung und Kreativität einerseits und wissenschaftlichem Vorgehen in Form von Theorie, Experimenten und Tests andererseits niederschlägt, durch die Informatisierung der Technik mehr oder weniger aufzulösen. Immer mehr Geräte werden von der Informations- und Kommunikationstechnik durchdrungen, mehr als 70 % des Entwicklungsaufwandes gehen manchmal schon allein in die Programmierung. Dort herrschen weniger kausale als logische Zusammenhänge, die man berücksichtigen muss. Auf den untersten Ebenen des Programmierens darf man keine 0 mit 1 verwechseln und man muss strikt alle Regeln der Syntax der Programmiersprache einhalten. Aber wenn es um programmierbare Anwendungsmöglichkeiten von Computern oder Mikrocomputern geht, heute Apps genannt, dann ist man in der Gestaltung viel freier als z.B. in der reinen Mechanik oder Elektrik. Allerdings machen diese gestiegenen Möglichkeiten die Bedienung für den Endnutzer dann komplizierter: Auch der künftige Kunde wird alle Möglichkeiten, die ihm eine Menüsteuerung eines Handys bieten, kaum wissen und ausschöpfen können. Eher lassen wir uns in solchen Fällen nicht von systematischem Wissen, sondern von Versuch und Irrtum, d.h. der eigenen Bedienungserfahrung mit solchen Geräten leiten. Das führt dann zu ganz eigenen Regeln des Gebrauchs

Wenn's mal nicht funktioniert

Ein solches beliebtes Vorgehen hat jedoch seine Grenzen, wenn es mal nicht funktioniert. Selbst Hand anzulegen, führt heute meist schon bei einfacher Technik zur „Verschlimmbesserung". Dann rennen wir zuerst zu einem Freund, der sich auskennt, oder wählen die – meist besetzte – Hotline oder schleppen das Gerät zum Service. Das letzte Hilfsmittel ist bekanntlich der Neukauf. Entsprechend nehmen die Kosten in der genannten Reihenfolge zu. Das hängt zum einen damit zusammen, dass das für die Aufgabe nötige Wissen genügend fundiert, und zum anderen, dass es auch anwendbar sein muss. Und da sieht man leicht, dass beides nicht das gleiche ist.

Man kann das wie in einem Portfolio anordnen (vgl. Abb. 3): Das Do-it-yourself-Verfahren ist laienbasiert, d.h. wenn wir selbst etwas reparieren wollen, sind wir, auch wenn wir ausgebildete Ingenieure sein sollten, im jeweils anderen Fachgebiet doch mehr oder weniger Laien, die dort ihr dann eher intuitives Wissen wenig begründen können. Im wissenschaftlichen Bereich steht die Anwendbarkeit zunächst noch nicht so sehr im Vordergrund, auch wenn sie letztlich immer das Ziel technikwissenschaftlicher Bemühungen ist. Der handwerkliche Bereich ist erfahrungs- und regelbasiert, hier ist der praktische Erfolg entscheidend. Dazwischen liegt das Ingenieurwesen – nicht alles, was dort erfolgreich angewendet wird, ist schon wissenschaftlich begründet und nicht alles, was wissenschaftlich bekannt ist, kann angewendet werden. Hier spielt die Gestaltung und die Kreativität eine große Rolle, es ist das große Gebiet der Entdeckungen und Erfindungen.

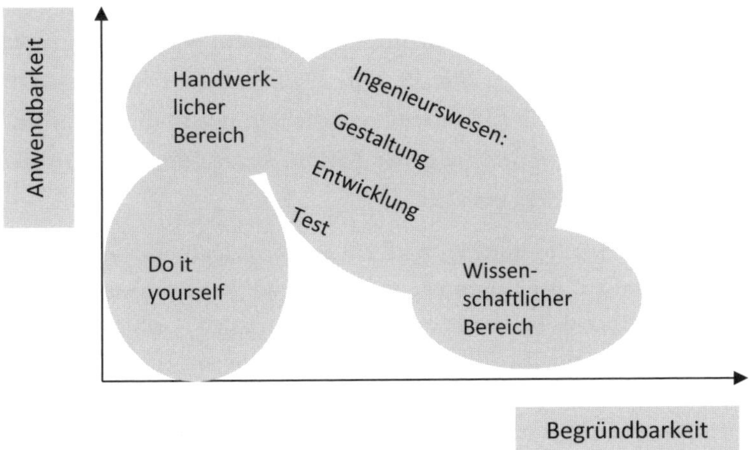

Abb. 3: Anwendbarkeit und Begründung

Wenn es also einmal nicht funktioniert, dann gehen wir im obigen Portfolio von links unten nach oben und dann nach rechts: Zuerst kommt das Regelwissen und erst dann das Begründungswissen, wenn es um die Praktikabilität geht. Das dürfte auch mit einer der Gründe sein, weshalb Handwerker sich ungern in theoretische Diskussionen verwickeln lassen und Ingenieure keine Grundsatzdebatten lieben, sofern sie sich nicht direkt auf Technik beziehen.

Technisches Versagen

Aus Fehlern lernt man bekanntlich, und am billigsten ist dies, wenn man aus den Fehlern anderer lernt. Aus technischem Versagen kann man sehr wohl lernen und die meisten schubartigen Entwicklungen in der Sicherheitstechnik verdanken ihre ersten Impulse technischen Havarien. Allerdings liegen die Ursachen der meisten großen wie kleinen technischen Katastrophen (Brücken, Dämme, Chemieproduktion, Kernkraftwerke, Energienetze, generell Verkehr mit Flugzeugen, Schiffen, Autos etc.) in einer unauflösbaren Mischung von technischem, organisatorischem und menschlichem Versagen. Auf diese enge Verquickung kommen wir gleich zurück.

Lassen Sie mich einfach nur die Frage stellen, was es heißt, wenn etwas *nicht* funktioniert, wie es soll. Denn oftmals kann man ein schnelleres Verständnis für Technik entwickeln, wenn die Dinge nicht so funktionieren, wie wir sie gerne hätten. Betrachten wir also technisches Versagen etwas genauer.

> Der Motor des Autos stottert – noch ein paar Fehlzündungen und die Karre bleibt mitten auf der Landstraße stehen – keine Reparaturwerkstätte weit und breit. Aber dafür vier hochkompetente Insassen – ein Ingenieur der Elektrotechnik, eine Kollegin aus dem Maschinenbau, ein Philosoph und eine Informatikerin. Der Elektrotechniker schlägt vor, sich die Bordelektrik vorzunehmen, denn nach den Abschiedsgeräuschen des Motors zu schließen, müsse das Stottern wohl an der Zündspule liegen. Die Kollegin vom Maschinenbau lächelt nur müde, schließlich handele es sich um einen Dieselmotor. Also müsse man den Motor auseinandernehmen, schlimmstenfalls das Getriebe. Während der Philosoph nochmals die Frage nach dem Ziel der Fahrt stellen will, fordert die Informatikerin alle auf, aus dem Auto zu steigen, den Zündschlüssel abzuziehen und abzuschließen, um dann aufzuschließen und das Auto erneut zu starten.

Jeder geht auf seine Weise mit Fehlfunktionen um – eben so, wie er es gelernt hat. Technisches Versagen ist ein perspektivischer Begriff – es kommt darauf an, wer ihn benutzt und in welchem Zusammenhang. Versagen bedeutet, dass man etwas erwartet hat, was nun nicht eintrifft – der Schalter wird angeknipst, aber das Licht geht nicht an. Die Birne ist kaputt – eine Verschleißerscheinung. Die Dinge altern, ihre Zuverlässigkeit (hinsichtlich eines definierten Funktionswunsches) nimmt mit der Zeit ab oder die Sicherung ist durchgebrannt – aus welchen Gründen auch immer – oder es ist kein Strom im Netz da, weil der Sturm einen Strommasten geknickt hat.

Das Nichtfunktionieren enttäuscht unsere Erwartungen – aber es ist nicht die Technik, die sich uns verweigert, es ist nicht die Physik oder Chemie, die aus dem Ruder läuft, es sind nicht die Naturgesetze, sondern es sind die falsch gebauten Apparate, die fehlende Wartung, der Kurzschluss vorher, die mangelnde Stärke der Strommasten, weil wir mit solchen Stürmen nicht gerechnet haben.

Würden wir nach langem Nachdenken auch herausbekommen, dass wir einfach nur vergessen haben, die Stromrechnung zu bezahlen. Dann würde man – etwas vollmundig – von menschlichen Versagen sprechen. Aber das ist nur die halbe Wahrheit.

Menschliches Versagen

Man merkt schon, wo der philosophische Hase hinläuft: Technik ist von Menschen für Menschen gemacht – am Versagen ist nicht die Physik schuld, sondern letztlich, in der Kette der Ursachen, der Mensch. Das ist der Grund, weshalb alle technischen Katastrophen sogleich die Frage nach der Verantwortung und nach der Haftung nach sich ziehen. Selbst bei Naturkatastrophen ist dies der Fall – hätte man die Häuser in einem Erdbebengebiet nicht stabiler bauen sollen, hätte man das Kraftwerk auch gegen einen Tsunami mit Neun-Meter- statt nur gegen Sechs-Meter-Wellen absichern sollen, hätte man, hätte man ... Die grammatikalische Form des Irrealis verrät, dass nichts mehr zu ändern ist, aber dass es wohl schon einen Menschen, eine Firma oder eine Gruppe von Personen gegeben hat, die anders hätten handeln können und nun die für diese Versäumnisse einstehen müssen. Freilich – hinterher ist man klüger und weiß, was man hätte tun sollen.

Gerichtlich wird es für den leitenden Ingenieur besonders schlimm, wenn man ihm nachweisen kann, dass er nicht nach dem Stand von Wissenschaft und Technik gehandelt hat. Fehlkonstruktion, Schlamperei – all das brauchen wir hier nicht zu diskutieren. Das Problem ist, dass man Brücken, große Anlagen oder Hochhäuser in ihrer vollen Größe nicht mehr im Labor testen kann, sondern nur noch deren Komponenten. Der eigentliche Test ist dann der Betrieb. Wer ist dann verantwortlich?

Wir sagten, dass unser technisches Wissen in Form von Regeln aufgebaut ist – und dass man die Begründung der Regel nicht unbedingt kennen muss, um erfolgreich technisch handeln zu können. Nun ist eine Regel weder wahr noch falsch, sondern sie ist effektiv oder nicht effektiv, d.h. ihre Durchführung führt zum gewünschten Ergebnis oder nicht. Das Problem ist, dass solche Regeln zum einen nie vollständig sind, sie decken nicht alle Wechselfälle des technischen Handelns ab. Denn wenn die Regel lautet: „Wenn Du B haben willst, musst Du A tun", dann könnte es ja auch weitere Regeln geben, die wir technisch noch nicht kennen, aber die ebenfalls funktionieren: „Wenn Du B haben willst, kannst Du auch C oder D oder E tun." Zum anderen haben die Durchführungen von Regeln meist Nebenwirkungen: Wenn man A tut, bekommt man B entweder nur zu einem bestimmten Grad – der Techniker nennt das Wirkungsgrad – und zum anderen bekommt man noch B+, will sagen noch etwas Abfall, Restwärme, Schmutz, Lärm etc. dazu. Das sieht man am Beispiel der Glühbirne recht schnell: Sie strahlt mehr im Infraroten als im Sichtbaren, irgendwann ist sie hinüber, dann muss man sie entsorgen. Mit der Energiesparlampe hat man zwar einen besseren Wirkungsgrad, aber ihre Entsorgung wird auf die Dauer wohl sehr teuer werden. Irgendeinen Preis wird man also zahlen müssen.

Natürlich ist es von Vorteil – und deshalb gibt es ja auch die Technikwissenschaften –, bei einer technischen Regel den naturwissenschaftlichen Hintergrund zu wissen. Das Problem ist, dass Technik ohne Organisation weder bei der Erfindung noch bei der Herstellung noch beim Gebrauch funktioniert. Wir kommen auf diesen wichtigen Punkt in Kapitel 12 zurück.

„Normale" Katastrophen

In einem leider dem kritischen Bewusstsein von Politikern und Experten nicht mehr so gegenwärtigen Buch hat Charles Perrow (1986) einige große technische Katastrophen unter die Lupe genommen und hartnäckig nach den Ursachen gefragt. Schaut man sich die Beinahe-Katastrophe in Three Mile Island (1979), die Chemieunfälle in Seveso (1976) oder in Bhopal (1984), die Nuklearkatastrophen von Tschernobyl (1986) und später Fukushima (2011) oder auch die beiden Havarien der Raumfähren Challenger (1986) und Columbia (2003) näher an, dann stellt man neben einem meist technisch bedingten Auslöser und der berühmten Verkettung unglücklicher technischer Umstände immer wieder menschliches Versagen fest. Gemeint sind damit fehlerhafte Reaktionen auf einen sich anbahnenden katastrophalen Zustand des Systems, die zur Fehlerverstärkung führen. Das passiert wie in einer Rückkopplungsschleife: Der ersten, meist technischen Fehlfunktion, folgt eine falsche Reaktion des Bedienungspersonals, was den technischen Fehler verstärkt, auf die wiederum mit einer fehlerhaften Handlung reagiert wird. Technische und organisatorische Fehler folgen aufeinander wie bei einem mehrfachen Sandwich – man hat das System Schritt für Schritt nicht mehr im Griff. Auslöser sind meist Abweichungen von einer Normalsituation durch meist technische Defekte, gefolgt durch Zeitdruck, Versäumnisse, Fehleinschätzungen, Fehlbedienung, Schlamperei und nicht zur Kenntnis genommene Warnungen.

Das hat – mit Recht – in der Diskussion die Frage nach der Beherrschbarkeit von großen technischen Anlagen aufgeworfen und Perrow hat in seinem Buch eine interessante Antwort gegeben, die allerdings ein bisschen Systemdenken verlangt. Er zeigt anhand einer Alltagssituation, die wir hier aus dem Buch als Zitat wiedergeben, wie die Verkettung kleinerer Fehlfunktionen dann zur „großen" d. h. in unserem Beispiel persönlichen Katastrophe führen kann.[13] Die Schilderung von Perrow findet sich als Zitat kursiv in der linken Spalte, in der rechten Spalte ist kurz die theoretische Interpretation wiedergegeben, die Perrow in seinem Text gibt.

Tabelle 2: Alltagskatastrophe nach Ch. Perrow

„Stellen Sie sich vor, Sie gehen eines Morgens nicht zur Arbeit, weil es Ihnen nach vielen Mühen gelungen ist, für diesen Vormittag ein wichtiges Vorstellungsgespräch in der Personalabteilung einer anderen Firma zu vereinbaren. Ihre Freundin ... hat das Haus bereits verlassen, wenn Sie das Frühstück machen, aber dummerweise hat sie die fast geleerte gläserne Kaffeekanne auf der Heizplatte der angeschalteten Kaffeemaschine stehenlassen, sodass der Kaffee verkocht und die Kanne gesprungen ist.	Keine Normalsituation Erster Bedienungsfehler
Ohne Kaffee am Morgen sind Sie zu nichts zu gebrauchen, also stöbern Sie im Schrank, bis Sie Filterpapier und einen alten Kaffeefilter entdecken. Sie müssen nun noch warten, bis das Wasser kocht und durch den Filter gelaufen ist, dann trinken Sie hastig, unter nervösen Seitenblicken auf Ihre Uhr, die Tasse leer und stürmen aus dem Haus. Vor der Autotür stellen Sie fest, dass Sie in der Eile Ihren Schlüsselbund vergessen haben.	Folge des Bedienfehlers: Zeitdruck, Unaufmerksamkeit, 2. Bedienfehler
Das ist nicht weiter tragisch, da Sie eigens für derartige Notfälle einen zweiten Hausschlüssel in einem Blumenkasten versteckt und einen zweiten Autoschlüssel in der Wohnung deponiert haben. ... Aber dann fällt Ihnen ein, dass Sie am Abend zuvor den Hausschlüssel einem Bekannten gegeben haben, der bei Ihnen, während Sie nicht daheim sind, im Laufe des Tages einige Bücher abholen will.	Redundanz oder Puffer Dieser „Redundanzpfad“ ist nicht weiter gangbar.
Nun drängt allmählich die Zeit, aber immerhin hat ja der Nachbar ein Auto. Er ist ein freundlicher alter Herr, der seinen Wagen nur einmal im Monat fährt und gut in Schuss hält. Sie klingeln bei ihm und wollen Ihre Geschichte loswerden, aber Sie hören von ihm, dass ausgerechnet in der vergangenen Woche die Lichtmaschine ausfiel und erst am Nachmittag repariert werden soll.	Ein zweites „Notfallsystem“ versagt. Es handelt sich um ein entkoppeltes bzw. unabhängiges Ereignis, da zwischen dem verliehenen Schlüssel und dem Defekt der Lichtmaschine kein Zusammenhang besteht.
Na gut, Sie können ja immer noch den Bus nehmen. Aber eben doch nicht „immer“. Der freundliche alte Herr hat die Nachrichten gehört und erzählt Ihnen, dass das Busunternehmen mit der angedrohten Aussperrung der Busfahrer ernst gemacht hat. Die Fahrer hatten sich geweigert, mit angeblich verkehrsunsicheren Bussen zu fahren, und außerdem verlangten sie höhere Löhne.	Ein weiteres Sicherheitssystem fällt aus.

Vom Telefon Ihres Nachbarn aus rufen Sie die Taxizentrale an, aber wegen der Aussperrung der Busfahrer sind alle Taxen besetzt.	Diese beiden Ereignisse sind eng gekoppelt.
Sie rufen den Sekretär der Personalleiterin an und sagen ihm: „Es ist wie verhext - bei mir ist heute Morgen alles schiefgelaufen, und ich muss leider die Verabredung mit Mrs. Thompson absagen. Können wir einen neuen Termin vereinbaren?“	Ist die Reaktion zurückhaltend bis ablehnend, ist vermutlich die Chance verpasst. Zielerreichung - d. h. beabsichtigte Funktion - ist gescheitert; das bedeutet hier eine persönliche Katstrophe.

Wenn man nun fragt, wer und was an einer solchen Katastrophe „schuld“ ist, also sie verursacht hat, dann wird man einzelne Faktoren nennen können wie:

- Menschliches Versagen (z. B. das unterlassene Abschalten der Kaffeemaschine oder das Vergessen der Schlüssel in der Eile) in Form von Bedienfehlern
- mechanischer Defekt (Ausfall der Lichtmaschine beim Auto des alten Herrn) (unabhängiges technisches Versagen)
- die Umwelt (Aussperrung der Busfahrer und Überlastung des Taxiverkehrs als enge Kopplung der Ereignisse)
- die Anordnung des Systems, das es ermöglicht, dass man sich aus seiner Wohnung aussperren kann, statt dass die Wohnungstür sich nur dann schließt, wenn man den Schlüssel von außen ins Schlüsselloch steckt, oder dass keine Reservetaxen für bestimmte Notfälle vorgesehen sind
- angewandte fehleranfällige Verfahren (z. B. das Warmhalten von Kaffee in einer Glaskanne oder das zu knappe Aufstehen – kommt etwas dazwischen, ist der Zeitplan nicht einzuhalten).

All das trifft zu. Trotzdem liegt die eigentliche Ursache in der Komplexität des Systems begründet. Die genannten Ausfälle für sich allein genommen sind harmlos, auch sind Verkettung unglücklicher Umstände in einer Normalsituation lediglich „harmlose“ Kausalbeziehungen, und wenn Redundanzpfade vorhanden sind, bleibt die Normalsituation meist auch „normal“, d. h. beherrschbar. Unfälle sind jedoch meistens das Resultat von Mehrfachstörungen, die sich über Interaktion (d. h. enge Kopplung) zwischen mehreren Defekten ausbreiten, d. h. dass sich alle diese Störungen fast zur selben oder in der sich knapp daran anschließenden Zeit ereignen könnten.

Es ist das große Verdienst von Charles Perrow, gezeigt zu haben, dass es Systeme gibt, die sich durch einen hohen Kopplungsgrad und durch ihr nichtlineares Verhalten einer prognostischen Analyse der einfacheren Art und damit auch einer vereinfachten Risikobetrachtung entziehen. Sie tun dies nicht nur wegen ihrer Nichtlinearität, sondern auch deshalb, weil sich die Kopplungen selbst durch eintretende Fehler ändern können und dadurch das System einen anderen Charakter erhält als denjenigen, der vorher als gewiss galt. Die Beispiele, die Perrow zusammengestellt hat, bestätigen zusätzlich die systemtheoretische Analyse, dass komplexe Systeme, die ihre Struktur im Laufe ihres „Funktionierens" ändern, auch aus formallogischen Gründen nicht mehr vollständig beschrieben und deshalb auch nicht vollständig verstanden, geschweige denn beherrschbar sind. D. h., dass solche Systeme unbeabsichtigte Folgen zeigen werden und in der Regel auch zeigen. Das hat nichts mit einer geheimnisvollen Autonomie technischer Systeme zu tun, wie manche Zeitgenossen dies befürchten, sondern mit der Art und Weise, was wir von Systemen, insbesondere von komplexen Systemen überhaupt wissen können. Dies ist in der Regel weniger als wir zu deren Beherrschung brauchen.

Wir werden das Thema Komplexität im Kapitel 9 aufgreifen, kehren aber nochmals zur Verantwortung zurück: Dass technische Systeme Fehlfunktionen zeigen, ist unvermeidlich. Technik funktioniert zwar aufgrund von natürlichen Abläufen, die wir über die Kenntnisse der Naturgesetze annähernd zu verstehen meinen. Naturgesetze sind Modelle dieser Abläufe und jedes Modell ist in der Technik nur so gut, so gut wie dessen Abhängigkeit von den Rand- und Anfangsbedingungen *(constraints)* kennen. Denn wir beeinflussen ja nicht die Naturgesetze, sondern die Randbedingungen und die Beherrschung dieser Randbedingungen ist Menschenwerk. Diese Randbedingungen sind oftmals nicht nur rein technischer, sondern organisatorischer

Art, sodass wir die Organisation zum Verstehen von Technik hinzunehmen müssen. Technisches Funktionieren ist sozusagen in eine organisatorische Hülle eingebettet. Wir kommen darauf nochmals in Kapitel 12 zurück.

Wenn also Fehlfunktionen unvermeidlich sind, und wir als Verantwortliche für das Funktionieren geradestehen sollen, müssten wir darauf achten, dass unser Umgang mit Technik fehlerfreundlicher wird, d. h. wir müssen mit Fehlern rechnen, aus ihnen lernen und einen Plan B haben. Dieser wird umso leichter zu erstellen und in der Anwendung effizienter sein, desto weniger die Teilsysteme gekoppelt sind, weil sonst die kleinen Fehler in großen technischen Systemen zu großen Havarien führen. *Small is beautiful* – das ist die Lehre daraus, nicht nur in ökonomischer, sondern auch in technischer Hinsicht. Das bedeutet auch, dass eine zu enge Vernetzung aller Prozesse – die wir gerade wieder mit dem Internet der Dinge anstreben – die Welt weitaus anfälliger für den Katastrophentyp machen wird, den Charles Perrow beschrieben hat. Fehler in einem hoch gekoppelten System sind ansteckend und wenn uns dies auf einer ganz anderen Ebene drastisch gezeigt wurde, dann war es wohl die Finanzkrise.

Kleine Übung: Versuchen Sie Ihrem Kollegen die Situation in Abbildung 4 zu schildern, ohne dass er dieses Bild sehen kann. Warum bleibt der Witz dabei auf der Strecke? Nach der Enttäuschung nützt vielleicht das Dürrenmatt-Zitat, um die Diskussion wieder in Schwung zu bringen.

Abb. 4: „Je planmäßiger die Menschen vorgehen, desto wirksamer vermag sie der Zufall zu treffen." (Friedrich Dürrenmatt, Punkt 8 zu den Physikern, S. 368)

3. Wissen und Erkennen vor Ort

Wie Wissenschaft zur Erkenntnis kommt

„Werner Heisenberg war ein großer Wissenschaftler und Theoretiker. Seine bahnbrechenden Gedanken ersann er meist im Kopf…“[14]

Was da so herrlich sprachlich entgleist ist, meint wohl, dass Werner Heisenberg (1901–1976) seinerzeit keine großen Hilfsmittel wie Computer oder umfangreiche Labore hatte. Als theoretischem Physiker standen ihm die Mathematik, physikalische Intuition sowie Bleistift und Papier zur Verfügung. Als er seinen mathematischen Formalismus der Quantentheorie beim Berechnen der Eigenschaften der von de Broglie vorgeschlagenen Materiewellen „entdeckte“, hatte er sich wegen eines Heuschnupfens von Göttingen nach Helgoland verzogen. Dort hatte er lediglich Bleistift und Papier dabei. Manchmal sind es eben äußere Umstände, die einem entscheidenden Gedanken zum Durchbruch verhelfen. René Descartes (1596–1656) saß während einer durch den Winter erzwungenen Pause des französischen Feldzuges gegen die protestantischen Truppen 1619 in Neuburg an der Donau in einem dieser großen Kaminöfen und wärmte sich, dachte über die Art und Weise nach, wie wir erkennen und kam auf seinen berühmten Satz: *„Ich denke, also bin ich.“*[15]

Es gibt verrückte Situationen, in denen Forscher, Erfinder und Entdecker ihre Sternstunden hatten – manchmal glaubt man an Zufall, der eine bestimmte Gedankenassoziation auslöst, manchmal ist es ein Bild, das im Traum auftaucht – dem Chemiker August Kekulé (1829–1896) diente das Bild einer Schlange, die sich selbst in den

Schwanz beißt, als Anregung für seine richtige Hypothese über die Strukturformel des Benzolrings.

Wie wir erkennen, ist nicht nur eine spannende philosophische Frage, die schon Platon umgetrieben hat. Es ist von enorm praktischer Bedeutung. Jedes Mal, wenn wir etwas lernen, haben wir eine ganze Reihe von Erkenntnisschritten dahinter absolviert – denn was wir nicht verstanden haben, ist schlecht zu behalten und noch schlechter zu lernen. Und manchmal ist eine Entdeckung in uns selber ein schlagartiger Übergang vom Nicht-Verstehen zum Verstehen.

Wie wir erkennen

Wie so oft im Lauf der Geschichte, haben sich aus philosophischen Fragen wissenschaftliche Disziplinen gebildet und diese haben dann zum Teil der Philosophie die Antwortversuche abgenommen. So auch in der Frage nach der Erkenntnis: Das Modell, wonach Erkenntnisse wie Tauben in einem Taubenschlag in unseren Geist hineinkommen und ihn auch wieder verlassen, das wir in einem von Platon fingierten Gespräch zwischen dem Mathematiker Theaitetos und Sokrates finden,[16] ist von der Psychologie und der heutigen Kognitionsforschung abgelöst worden. Manchmal hört man dann die Behauptung, alle Gedanken und alle Erkenntnis, aber auch alles Wahrnehmen und unsere Gefühle, ja letztlich unser Selbstbewusstsein sei nichts anderes als neurophysiologische, also biochemische und elektrische Prozesse in unserem Gehirn. Es ist richtig: Von diesen Untersuchungen her wissen wir eine ganze Menge, was sich im Gehirn abspielt, wenn wir ein Bild erkennen, einen Satz oder eine Formel verstehen oder über einen Witz lachen. Trotzdem bleiben entscheidende Fragen offen – z. B. wie wir Erkenntnisse aus Erfahrungen verdichten, wie sie uns zu Bewusstsein kommen, wie es kommt, dass wir jetzt etwas verstanden haben und uns dessen auch sicher sein können, und vor allem wie es kommt, dass wir uns selbst beim Denken beobachten können.

Und da kann die Philosophie durchaus liefern, indem sie eine Theorie der Wahrnehmung – nun nicht auf neuronal-kognitiver Ebene – entwickelt hat, die eine Reihe von Faktoren berücksichtigt, an die wir beim Zuhören, beim Lesen, beim Beobachten, beim Probieren und Austesten meist nicht denken, weil sie mit der „Sache“ nichts zu tun zu haben scheinen.

Das erste, was auffällt, ist, wie sehr uns unsere Wahrnehmung täuschen kann – die optischen Täuschungen sollten uns ein Warnsignal dafür sein, dass es mit den anderen Sinnen auch nicht so weit her ist. „Sehen“ allein ist nicht hinreichend.

So kennen wir den Effekt, dass man zuweilen das verstanden hat, was man gern hören möchte, obwohl der andere etwas ganz anderes gesagt hat. Innere Einstellungen prägen unsere Bereitschaft, unsere Wahrnehmungen zu trüben oder zu schärfen. Wenn wir mit jemandem reden, dann ist es uns im Prinzip nicht zugänglich, was sich unser Gesprächspartner oder auch Autor, den wir gerade lesen, wirklich überlegt oder gedacht hat. Um zu verstehen, was da gemeint ist, sind wir auf die kommunikativen Äußerungen angewiesen – diese interpretieren wir, und nicht nur, was gesagt wurde, sondern auch wie es gesagt wurde, mit welchem Tonfall, in welchem Kontext, in welcher Situation.

Dies gilt auch für scheinbar „objektive“ Erklärungen von Sachverhalten aus Expertenmunde: Aus welchem fachlichen Gebiet und von welcher Institution kommt er, wie ist das Selbstverständnis seiner eigenen Tätigkeit, wie wurde er ausgebildet und so fort. Diese Frage wird in den Geisteswissenschaften so umschrieben: Wie ist der Gesprächspartner oder Autor sozialisiert? Entsprechend diesem Vorwissen über Situation und Sozialisation fallen unsere Wahrnehmung, deren Interpretation und damit auch die gewonnen Erkenntnisse unterschiedlich aus. Denn was wir im Vertrauen als Expertise wahrnehmen, kann sehr irreführend sein, wenn man sich nicht seines eigenes Verstandes bedient.

Wie wir technische Erkenntnis gewinnen

Der alte Satz: „*Probieren geht über Studieren*“ mag ja stimmen – mit bloßem Herumprobieren kommt man jedoch heute nicht mehr weit. In der Wissenschaft geht die Theorie dem Experiment mittlerweile weit voraus – den Large Hadron Collider in Genf bei CERN, die größte Maschine der Welt – wenn man das Internet einmal weglässt –, hätte man ohne die Theorie von Peter Higgs und dem Standardmodell der Elementarteilchenphysik nicht gebaut. Die Theorie hilft beim Aufbau des Experiments und sie hilft auch bei Aufbau eines technischen Tests. Auch wenn es den „vorschnellen Gestaltungsdrang der Ingenieure“ geben sollte – die Forschung und Entwicklung sind heute so komplex und auch teuer geworden, dass man sie sich ohne Theorie gar nicht mehr leisten könnte. Einige Erfindungen sind sicher auch deshalb auf der Strecke geblieben, weil sie trotz guter Ideen keiner mehr weiter verfolgen konnte.

Aber wie kommt man zur Theorie und wie kommt man zu einer technischen Theorie – wie erkennen wir technische Zusammenhänge, bevor wir ein Gerät gebaut haben? Diese Frage ist nicht nur philosophisch interessant, weil solche Erkenntnisse offensichtlich von theoretischer wie praktischer Relevanz sind, sie sind auch wichtig dafür, wie man das Erzeugen von Neuem managen kann, also wie man Innovationen fördern kann.

Im Prinzip gibt es zwei Wege: Der erste Weg ist der ursprüngliche, weil er auch bei der Herstellung der ersten Werkzeuge eine Rolle gespielt hat: In die Hand nehmen, also aus der Umgebung herausgreifen, ausprobieren, herumspielen, Erfahrungen sammeln, vergleichen, Handlungsmöglichkeiten systematisieren. Diese Systematik bezieht sich nicht auf das Wesen der die grundlegenden Eigenschaften der Dinge oder auf die in ihnen obwaltenden Gesetzlichkeiten, sondern darauf, was man mit ihnen machen kann. Mit dem Faustkeil kann man das Beutetier töten oder einen neuen Faustkeil herstellen. Jede gefundene Handlungsmöglichkeit stellt einen Erkenntnisfortschritt dar.

Der zweite Weg ist eher theoretisch: Wie schon angesprochen, benutzen wir kausale Wenn-dann Beziehungen und suchen mit diesem Wissen Mittel für unsere Zwecke. Wenn dieses Mittel in der Umgebung oder in der Natur nicht auffindbar ist, müssen wir es herstellen, d. h. wir entnehmen Dinge aus ihrer Umgebung und richten sie für unsere Zwecke her. Jedes Gelingen auf diesem Weg stellt wiederum einen Erkenntnisfortschritt dar.

Beide Wege sind eng gekoppelt und heute nicht mehr trennbar, weil wir kausale Wenn-dann-Beziehungen meist als Verdichtung aus Erfahrungen am Vorhandenen gewinnen. Erst viel später, ab dem 17. Jahrhundert, erlaubte uns dann die Wissenschaft, aus theoretisch gefassten kausalen Beziehungen bei vorgegebenem Zweck die Bedingungen zu errechnen, die ein Mittel haben sollte. Dies ersetzte aber nicht das Herstellen des Mittels.

Institutionen, die darauf angelegt sind, die Hervorbringung von Innovationen zu ermöglichen und zu fördern, also Laboratorien, F&E-Einrichtungen aller Art bis hin zu sog. Living Labs, beherbergen meist Leute, die naturwissenschaftlich und/oder technisch ausgebildet sind, und daher einen gewissen Erkenntnisstil mitbringen. Dieser lässt sich grob so umschreiben: Es gibt Naturgesetze, an denen man nicht vorbeierfinden kann. Experimente, Tests und der Bau von Artefakten wie deren Anwendung müssen im Prinzip mit vergleichbarem Ergebnis durchführbar, wiederholbar und nutzbar sein. Die Nutzung selbst kann Nebenwirkungen haben, für die jedoch zuerst der Nutzer, dann vielleicht auch der Konstrukteur oder Erbauer verantwortlich sind. Unter welchen Umständen ist der Erfinder verantwortlich? Auf die Verantwortungsfrage kommen wir in Kapitel 13 zurück.

Ein einmaliges Gerät ist noch keine Innovation, letztlich bezieht sich der Begriff Innovation auf den wirtschaftlichen Erfolg eines Produkts oder einer Dienstleistung am Markt. Dies impliziert Wiederholbarkeit. Was nur einmal funktioniert, ist nur begrenzt von Nutzen.

Ohne Modelle geht's nicht

Schaut man genauer hin, wie dies die Wissenschaftstheorie getan hat, indem sie sich nun endlich auch einmal mit den Technikwissenschaften beschäftigt,[17] ist nicht das Naturgesetz die Basis für eine neue Erkenntnis in der Technik, sondern eine testbare Funktionsvermutung. Es geht eher um die technische Regel als um den kausalen Hintergrund – auch wenn diese zu wissen nützlich sein kann. Basis für eine Funktionsvermutung ist ein Modell. Hier ist nicht das gebaute Modell, z. B. eines Motors oder eines Flugzeugs, gemeint, sondern eine mit mathematischen, technischen oder systemtheoretischen Begriffen ausgedrückte Beschreibung eines gedachten Teilbereichs der Realität, dessen Struktur und Verhalten man näher erforschen will, z. B. den Individualverkehr. Dann kann man den Flugverkehr zunächst außen vorlassen. Was zu diesem Teilbereich und damit zum Modell gehört, bestimmt zunächst die Aufgabe, der sich der Erfinder oder Konstrukteur stellt. Wie wäre es, wenn man Autos ohne Fahrer im Straßenverkehr automatisch fahren lassen könnte? Man stellt sich Situationen vor, in denen diese Möglichkeit bestehen soll – Szenarios, und überlegt sich dann, was man an den gegenwärtigen Autos verändern müsste, um diesen Wunsch technisch in die Tat umsetzen zu können. Dies ist schon ein ganz grobes Modell.

Bereits hier zeigen sich zwei Möglichkeiten: Man macht das Auto autonom, indem man den Fahrer durch eine Automatik ersetzt, die auf den aktuellen Verkehr reagiert und somit den Fahrer in gewisser Weise simuliert. Dann braucht man ein Modell des Fahrerverhaltens, um es technisch abbilden zu können (Sensoren, Aktoren, Programme). Oder man geht einen Schritt weiter und stellt den Individualverkehr infrage und sucht nach einer Lösung, wie man fahrerlose Transporteinheiten baut, die sich beispielsweise auf Magnetstreifen auf den Straßen bewegen und bei Bedarf bestellt werden können und die man nach Gebrauch einfach stehen lässt – sie rollen dann von selbst wieder in ihr Depot. Hier würde man ein ganz anderes, ein organisatorisches Modell benötigen.

Welches Modell nun bevorzugt wird, um eine entsprechende Technik zu entwickeln, hängt nicht allein von der Vermutung ab, was solche Funktionen kosten werden und wie lange man zu ihrer Entwicklung brauchen wird. Es wird auch davon abhängen, welches Verhältnis der Entscheider zum Individualverkehr hat: Soll das Auto, auch wenn autonom fahrend, weiterhin proprietär, also privater Besitz, Spiel- und Aufenthaltsbereich sein, sozusagen die Verlängerung der eigenen Wohnung auf vier Rädern, oder wird der Gedanke *„nutzen statt besitzen"*, der sich ja auch in den Initiativen wie Car Sharing andeutet, bevorzugt?

Um es kurz zu sagen: Der Ausgangspunkt von Technikentwicklung ist selten „ideologiefrei" – man kann das auch am Smartphone, an der Kernkraft wie an alternativen Energiesystemen sehen. Es spielen immer Geschäftsideen, Wertevorstellungen und idealisierte Gebrauchsvorstellungen eine Rolle, die aber über der scheinbar offenkundigen „objektiven" technischen Funktionalität nicht bewusst gemacht und deshalb auch nicht kommuniziert werden.

Das Modell bestimmt dann auch die ersten Ideen, Entwürfe, Konstruktionen – in gewisser Weise auch die Erfindungen – es leuchtet den Weg aus, der gegangen werden soll. Danach beginnt die Zeit der Festlegungen – erst dann kommt die Mathematik, die Berechnung, die Simulation ins Spiel. Das Modell ist dann ein mathematisches Modell, wenn es die Grundlage für eine Berechnung liefern kann. Die Ergebnisse dieser Schritte sehen dann – vor allem wenn sie grafisch ansprechend dokumentiert und präsentiert werden – quasi-objektiv aus. Aber das sind sie nicht – sie sind berechnete Konsequenzen aus Entscheidungen, die vorher Menschen getroffen haben. Schon allein deshalb geht Technik über Naturwissenschaft weit hinaus.

Ohne Erfahrung geht es auch nicht

Nun muss der Einwand kommen: Wie ist es denn mit den überraschenden Entdeckungen? Marie Curie (1867–1934) hatte keine Theorie, als sie die noch ungeklärte neue Strahlung untersuchte und dabei das neue Element Radium „entdeckte". Im Forschungsalltag spielt auch oft der Zufall eine Rolle – sie finden sich in der kleinen und großen Wissenschaftsgeschichte zuhauf, und dies ist in der Technik nicht viel anders.

> Wir hatten noch etwas gefeiert im Stockwerk über dem Labor und ich wartete, bis alles ruhig war und alle Gäste gegangen waren. Ich wollte noch einen Versuchslauf machen, um das Spektrum, das ich messen wollte, möglichst störungsfrei zu erhalten, und nachts war dafür die beste Gelegenheit. Ich fuhr die Apparatur, Laser und Spektrograph langsam hoch, erhitzte die Metallprobe, deren Fluoreszenz ich messen wollte, prüfte nach der Einschwingphase der Apparatur alle Parameter und startete auf der kurzwelligen Seite des Spektrums. Die erwarteten Linien, die ich aus den vorigen Messungen kannte, kamen schön und deutlich, und ich schlief auf dem neben der Apparatur aufgestellten Feldbett ein. Ich wusste aus früheren Nächten mit solchen Messungen: Wenn sich etwas änderte, wachte ich auf – ich bemerkte es sofort an den Geräuschen und den Lichtverhältnissen und konnte dann eingreifen. Da die Messung ca. 6 Stunden dauerte, verließ ich mich auf meine somnambule Kontrollfähigkeit. Diesmal war der Schlaf stärker – ich erwachte und sah, dass der Papierstreifen aus dem Aufzeichnungsgerät den ganzen Boden bedeckte. Normalerweise erwartet man bei einem Spektrum der Art, mit dem ich es zu tun hatte, dass nach 5300 Å Schluss ist. Als ich mit schlechtem Gewissen den Papierstreifen aufrollte – ich würde sicher einen Anschiss von meinem Chef wegen des hohen Papierverbrauchs bekommen – sah ich im Bereich kurz vor den zwei D-Linien des Natriums (5889 Å, die sind immer da) im Bereich von 5873 bis 5885 Å klare Linien mit einer klaren Struktur, die da von der Erwartung (sprich Theorie) her nichts zu suchen hatten. – Später stelle sich heraus, dass dies ein reproduzierbarer Effekt war, der noch Thema von späteren Dissertationen werden sollte.

Diese Geschichte einer eigenen kleinen „Entdeckung" zeigt beispielhaft fast alle Momente auf: Entdeckungen sind immer Überraschungen im Lichte einer schon bestehenden Erwartung, sprich Vortheorie. Sie sind keine Erfindungen – sie werden zwar mit Apparaten oder Hilfsmitteln gemacht, die aufgrund von einer Theorie gebaut und angewendet wurden, aber die Messung oder Beobachtung zeigt dann ein

Ergebnis, das vielleicht der Vortheorie widerspricht oder zumindest aus ihr vorher nicht abgeleitet wurde oder noch nicht abgeleitet werden konnte. Die Beobachtung oder Messung von etwas, was man schon vorher ausgerechnet hat, ist keine Entdeckung, sondern ein Nachweis.

> „Ich hatte den gleichen Effekt schon vier Jahre mit den gleichen Messwerten entdeckt, für den Sie nun, Herr Kollege, den Nobelpreis bekommen haben.".
> „Ja, schön für Sie, aber ich habe mir bei der Entdeckung etwas dabei gedacht ..."

Dieser Dialog ist fiktiv, aber er hat einen historischen Hintergrund: Im Jahre 1937 hatte Irène Joliot-Curie ähnliche Messergebnisse bei der Bestrahlung von Uran erhalten wie später Otto Hahn mit seinem berühmten Versuch im Dezember 1938. Allerdings hatte Irène Joliot-Curie die Ergebnisse uninterpretiert gelassen, während Hahn mithilfe von Lise Meitner, seiner früheren Mitarbeiterin und deren Neffe Fritz Strassmann, die Ergebnisse als Folge der Spaltung des Urankerns deutete und damit richtig lag.

Es reicht auch nicht, nur einen Effekt zu entdecken und eine ungewöhnliche Messung zu machen. Zum einen muss die Messung unter den gleichen Bedingungen wiederholbar zu gleichen Ergebnissen führen. Zum anderen geht es dann um die Interpretation im Lichte der bestehenden Theorie. Und wenn diese nicht passt, dann muss die Theorie erweitert, modifiziert oder gar neu aufgebaut werden. Dazu gehört Mut. Aus der Wissenschaftsgeschichte weiß man, dass das lange dauern kann ...

Erfahrung ist also unabdingbar für die Erkenntnis – aber auch sie ist nicht alles. Wenn uns die Theorie im Wege steht, können wir eben gewisse Zusammenhänge, obwohl wir die Daten und Messungen dazu haben, nicht erkennen. Wenn das eigene Forschungs- und Entwicklungsparadigma[18] nicht zur latenten Entdeckung passt, entdecken wir auch nichts. Aber das wissen wir vorher eben nicht. Platon definierte Wissen als Ergebnis des Erkenntnisaktes als wahre, gerechtfertigte Meinung. Die Messungen sind wahr in dem Sinne, wenn sie zeigen, wie unser Messinstrument reagiert hat – wenn alles richtig eingestellt ist. Aber die Interpretation der Messung bedarf der Theorie und nur sie rechtfertigt die Interpretation der Messung, und dies auch nur zu einem gewissen Grade.

Ist das bei der Technik anders? Ja und Nein. Wir haben es nicht mit naturwissenschaftlichen Hypothesen, sondern mit einer Funktionsvermutung zu tun – also nicht „aus A folgt kausal immer B", sondern: Mit diesem Effekt könnte man diese Funktion bewerkstelligen, z. B. einen Laserstrahl könnte man nach Frequenz oder nach der Amplitude modulieren und damit Information übertragen. Dann überlegt man sich, *wie* man diese Modulation bewerkstelligen könnte und wenn man eine schon bestehende Möglichkeit gefunden hat, wendet man sie an, man testet und schaut, ob man damit die Funktion realisieren kann. Wenn nicht, muss man einen solchen Modulator entwickeln, hierfür neue Ideen ersinnen, Analogien suchen, ausprobieren …

Dass bei einem solchen Vorgehen viel Versuch und Irrtum steckt, ist unbestritten – aber Konstruktionsgewohnheiten, Denkschulen, Paradigmen, bevorzugte Theorien, auch technologische Theorien im Sinne von erfolgreichen Regelwerken sind dabei Stütze und Hemmnis zugleich.

Wobei der Irrtum vielleicht doch noch der lehrreichere Anteil bei „*trial and error*" und beim Versuch, Innovationen zu schaffen, darstellt.

Kleine Übung: Gibt es eine Erkenntnis aus der Philosophie in den letzten 2000 Jahren, die für die Entwicklung der Technik in ihrer Geschichte bedeutend oder hilfreich war? Die Provokation in der Frage darf nicht dazu führen, auf die Wissenschaft auszuweichen. Die Grundlegung der wissenschaftlichen Methode, wie wir sie heute kennen, geschah nicht nur durch die Arbeiten von Galileo Galilei, Johannes Kepler oder Isaac Newton, sondern auch durch Überlegungen von frühen „Wissenschafts"-Philosophen wie Francis Bacon, David Hume, bis hin zu Descartes und John Locke, um nur einige zu nennen. Aber zurück zur Technik: Welches ist der Beitrag der Philosophie? Wenn Sie der Meinung sind, dass es keinen nennenswerten Betrag gibt, dann versuchen Sie es einmal bei Gottfried Wilhelm Leibniz (1646–1716).

4. Erfinden und Entdecken

Wo war der Diesel-Motor, bevor er erfunden wurde?

Kommen wir auf die Kinderfragen zurück, wie sie die Kapitelüberschrift signalisiert, denn wir haben die Erkenntnisfragen im vorigen Kapitel noch nicht richtig beantwortet. Wie kommt man denn auf die Idee, einen Laserstrahl zu Kommunikationszwecken benutzen und ihn modulieren zu wollen? Ist das eine Entdeckung oder eine Erfindung? Wir sagten vorher, dass eine Entdeckung immer ein Überraschungsmoment beinhaltet. Aber ist das bei der Erfindung nicht auch der Fall? Ist nicht die Idee, etwas erfinden zu wollen, auch eine Entdeckung?

Es ist richtig – ohne Kennnisse der Thermodynamik hätte man den Dieselmotor nicht bauen können, auch wenn Rudolph Diesel, Wilhelm Maybach, Gottfried Daimler und Carl Benz keine Physiker waren. Sie probierten unterschiedliche Wege zu einem Antriebsmotor aus, aber wie kamen sie auf diese unterschiedlichen Wege? Die Frage nach der Kreativität erfinderischer Gedanken kennt in der Technikgeschichte viele Antworten – zündende Ideen fallen den Protagonisten an den unmöglichsten Stellen in den unmöglichsten Situationen ein. Vielleicht ist das auch deshalb der Fall, weil eine stimulierende Situation oder eine verrückte Assoziation ihren Anschluss an das findet, was im Kopf des Erfinders schon immer herumgeistert. Er beschäftigt sich laufend damit – und eine äußere Anregung kann ihn auf den entscheidenden Gedanken bringen. Aber wo war dieser entscheidende Gedanke vorher – war er noch nur noch „unentdeckt“ oder wurde er in diesem Moment erfunden?

Fragt man die Erfinder selbst, sind viele davon überzeugt, dass es den entscheidenden Gedanken schon gegeben haben müsste, sonst hätten sie ihn nicht haben können. Andere sind eher davon überzeugt, dass es möglich ist, völlig neue Gedanken zu haben. Unsere Erfinder vertreten damit unterschiedliche philosophische Positionen.

Platon: Man kann nichts erfinden, nur finden und entdecken

Platon war als Schöpfer der Ideenlehre davon überzeugt, dass man nichts erfinden kann, man kann nur entdecken. Die Dinge, die wir durch unsere Sinne und unser Erfahrung wahrnehmen, vielleicht besser geschrieben als „wahr nehmen“, sind nach Platon nur Abbilder von Ideen, die unabhängig von uns und vor uns existieren. Erkennen heißt, sich dieser schon da seienden Idee zu erinnern und dadurch an ihr Teil zu haben.

Auch die Gegenstände der Mathematik, wie aufgemalte Dreiecke, wären nach Platon nur Abbilder der Idee des Dreiecks. Wenn man also Teil hat an der Idee des Dreiecks, kann man auch die Gesetze, die an ihm obwalten, „entdecken“, wie den Satz des Pythagoras oder die Dreieckssätze von Thales. Die Konsequenz daraus wäre für die Technik, dass Apparate schon in Form von Ideen angelegt sein müssten, sonst könnte man sie nicht erfinden, weil man sie ja nur entdecken kann. Und ein zweites Problem wäre mit dieser platonischen Variante auch gleich gelöst: Die Anwendbarkeit der Mathematik auf die Technik und Wissenschaft ist deshalb möglich, weil sich die Ideen, denen die Mathematik zugrunde liegt, und die Ideen, denen Apparate oder kosmische Bewegungen zugrunde liegen, nicht widersprechen, sondern in gegenseitiger enger Beziehung stehen, die man durch Philosophieren höchstens erahnen kann.

Exkurs: Ein kleiner Streit

„Das ist doch Gerede! 2 + 2 = 4, das ist eine Tatsache, und die gilt unabhängig von Geschlecht, Rasse, Religion oder irgendwelchen kulturellen Hintergründen."

„Moment – und wie sieht es aus, wenn 1 + 1 = 0 ist mit Übertrag 1? Das ist nämlich das Ergebnis, wenn man in Dualzahlen rechnet, also nur 0 und 1 zulässt. So funktioniert doch dein Computer, oder? Und wenn man im triadischen System rechnet, also die Zahlen 0, 1, und 2 zulässt, dann ist 2 + 2 eben nicht 4, sondern 1 mit Übertrag 1."

„Das ist richtig, aber man kann jede Zahl, die man in einem Zahlensystem mit einer Basis ausdrückt, in eine andere Zahl umwandeln in einem anderen Zahlensystem. Das ist ein eindeutige Abbildung, oder meinetwegen Kodierung, und das ist ja wohl kulturell unabhängig."

„Na ja, das haben die Zahlentheoretiker herausgefunden, dass man das immer kann; aber die unterschiedlichen Kulturen haben in der Geschichte doch unterschiedliche Zahlensysteme bevorzugt. Dividiere doch mal in Römischen Zahlen MCDXII durch XIII und schreibe das in römischen Ziffern hin. Da sieht man leicht, weshalb die Römer nicht gerade die Könige in Algebra und Arithmetik waren. Das waren vielmehr die Araber, die das arabische Ziffernsystem entwickelten, und zwar schon im 8. Jahrhundert nach Christus. Allerdings hatten die Araber die Idee, eine 10er Basis zu verwenden, von den Indern übernommen. – Aber lasst uns nicht über Mathematik streiten, zumal bei den Mathematikern immer noch hoch qualifiziert umstritten ist, was ein Beweis ist."

„Schön – aber Technik funktioniert eben doch in allen Kulturen, sei es in China, USA oder Deutschland – ein Transistor ist eben ein Transistor und ein pnp-Übergang verhält sich überall gleich."

„Unbestritten – Physik ist Physik und Technik basiert auf Physik – sollte man meinen. Aber erkläre mir doch mal, warum die angelsächsischen Hotels meistens einen Knauf als Türöffner haben und die europäischen (kontinentalen) Hotels alle eine Klinke? Man kann eine Tür so oder so schließen, aber bestimmte Formen von Technik sind eben doch kulturabhängig. Oder bei Eisenbahnwaggons: In Deutschland hatte man bis vor kurzem immer noch die Abteile – drei Sitze gegenüber drei Sitzen. In älteren Waggons hatte sogar jedes Abteil eine eigene Außentüre. In den amerikanischen Zügen sind die Waggons eher Salons mit lockerer Bestuhlung. Man kann es so oder so machen."

„Und woher kommt das?"
„In Deutschland begann die Eisenbahnentwicklung aus der Kutschenherstellung heraus. Man verband einfach eine Kutsche mit einer anderen: Als das klappte, baute man sechs oder zwölf Kutschen hintereinander und setzte das Ganze aufs Gleis – fertig war der Eisenbahnwaggon. In den USA begann die Eisenbahnentwicklung aus dem Schiffsbau – dort hatte man es mit Salons zu tun – und die bildete man auch auf die Waggons ab. Also – Technik ist ein bisschen mehr als nur angewandte Physik und Mathematik. Sie basiert auf Erfahrung und bestimmten kulturellen Vorlieben."
„Also so schnell kommst Du mir nicht davon. Man kann also Züge, Flugzeuge und so fort so oder so bauen – mh – aber warum kann man kein unmögliches Objekt bauen, so ein Escherdreieck (siehe Abb. 5) zum Beispiel. Da sagt uns doch die Mathematik, sprich hier die projektive Geometrie, warum das nicht geht. Also muss ich nach der Mathematik bauen, sonst funktioniert es doch gleich gar nicht."

Abb. 5: Escherdreieck – ein unmögliches Objekt (Quelle: Tobias R.-Metoc)

„Nun wird es wirklich philosophisch. Aber Du hast damit angefangen! Also gut: Platon hatte, als er über den Staat nachdachte, ein Problem: Wie kann der Staat vor dem Zerfall bewahrt werden? Er traute diese Aufgabe, den Staat zu leiten, nur denjenigen zu, die das nötige Alter hatten, also über 50 waren – gar keine so schlechte Idee auch noch heute – und sie sollten die Klügsten sein, die besten Tugenden haben und natürlich auch am meisten wissen. Das Wissen bekamen sie durch einen ausgeklügelten Bildungsplan à la Platon: Musik, Harmonie, Kriegskunst, Leibesertüchtigung und Geometrie, sprich Mathematik. Denn Platon war ja der Auffassung, dass die mathematischen Erkenntnisse auf Ideen beruhten, die wiederum ohne die Menschen schon immer existierten, und an die man sich, wenn man mathematische Forschung treibt, zu erinnern versucht. Auf diese Weise wird man dieser Ideen teilhaftig. Da die Wirklichkeit bei Platon, und das gilt auch für seinen Staat, aber nur ein mehr oder weniger schlechtes Abbild solcher ewigen Wahrheiten ist, kann die Gestaltung eines Staates nur gelingen, wenn man sich an die Ideen, also die Urbilder erinnert. Und je mehr man Philosophie und eben auch Mathematik getrieben hat, umso einsichtiger würde man werden."

„Na ja – aber heute sind wenige Mathematiker und Physiker in der Politik …"

„Nun, unsere Kanzlerin, Frau Angela Merkel ist promovierte Physikerin, und manchmal macht man ihr den Vorwurf, sie würde Politik eben wie eine Physikerin machen, systematisch, berechnend, ohne Emotionen. Es gibt schon noch eine Reihe weiterer Naturwissenschaftler, Ingenieure und Mathematiker in der Politik – aber Du hast recht, sie sind dünn gesät."[14]

„Also – wenn man Platon ernst nimmt, und Mathematik ein Abbild von Ideen ist, gegen die man nichts bauen kann, weil alles, was es gibt, ja Abbilder von Ideen sind, dann ist klar, dass man nichts gegen die Mathematik bauen kann. Und dann ist jede Erfindung ja eigentlich nur eine Entdeckung. Dann ist die Frage ja beantwortet."

„Genau – Du denkst ja schon wie Platon. Das Dumme ist nur, dass wenn Du jetzt nicht an diese universalen, vor allen Menschen schon existierenden Ideen glaubst – warum funktioniert Mathematik dann in den Naturwissenschaften und in der Technik, warum kann ich erfolgreich Statistik auch in der Soziologie oder der Psychologie oder in der Wirtschaftswissenschaften betreiben?"

„Also Moment mal: Mit der Statistik ist das so eine Sache – da kann man ja alles beweisen. – Aber auf Deine Frage weiß ich jetzt auch keine Antwort."

„Dann sind wir soweit, dass wir beide nichts wissen, und das nun wissen …"

Im Höhlengleichnis hat Platon ein schönes literarisches Bild für diese Erkenntnis-Situation geschaffen: Wir sitzen mit dem Gesicht zur Wand in einer Höhle und sehen nur die Schatten von Gegenständen – ihre Abbilder. Unwissend, wie wir sind, halten wir die Schatten für die Wirklichkeit, weil wir nichts anderes kennen. Der Philosoph aber macht sich auf, verlässt seine erkenntnistheoretische Komfortzone, dreht sich um und sieht, dass eine Kerze das Licht macht und das Gesehene an der Wand nur Schatten von Gegenständen in der Höhle sind. Er steigt weiter aus der Höhle und sieht Gegenstände draußen – aber nur dank des Sonnenlichts – ohne dies würde er die

Gegenstände nicht erkennen. Es bedarf also des Lichts der Vernunft, um zu sehen, was wirklich ist. Und dies ist eben nicht das kleine Kerzenlicht in der Höhle. Er kehrt – fast geblendet von draußen und geläutert durch seine Schau – in die Höhle zurück und erzählt von seinen Erlebnissen und Erkenntnissen, aber die Leute lachen ihn aus und bleiben lieber bei ihren Schatten, die sie für Gegenstände halten.[20]

Man kann machen, was es noch nie gab

Nachdem nun zwei Sichtweisen in der Diskussion sind, möchte ich als Autor meiner Pflicht nachkommen und selbst Position beziehen. Ich glaube nicht an das platonische Reich der Ideen, auch wenn diese Vorstellung eine Reihe von philosophischen Problemen zu lösen vorgibt. Ich weiß auch, dass viele Mathematiker und Linguisten einen solchen platonischen Standpunkt vertreten – überwiegend vor allem dann, wenn ich sie zu ein paar Gläser guten Rotweins verführt habe – und sie können gute Gründe dafür ins Feld führen.

Wissenschaftstheoretisch halte ich es jedoch eher mit dem Rasiermesser von William Ockham (1288–1347): Dieser tapfere Philosoph und Logiker, der sich im Spätmittelalter mit einer Reihe von Päpsten anlegte, meinte, man soll keine zusätzlichen Größen (Entitäten) in eine Erklärung einführen, wenn sie nicht notwendig sind. Es ist dies ein eher sportliches Prinzip der intellektuellen Sparsamkeit. Warum also von uns unabhängige Ideen annehmen, wenn man das Problem auch anders lösen kann? Sicher hat jeder originelle Gedanke in Kunst, Wissenschaft und Technik gewisse Vorläufer. Bei jedem Gedanken wird man finden können, dass Ähnliches schon angedacht wurde – aber der entscheidende Schritt ist neu, nicht nur die Kombination aus Vorhandenem. Und ich denke, dass nur wir Menschen zu diesem entscheidenden Schritt fähig sind, ja, dass diese Fähigkeit eines der Merkmale des Menschen ist. Wir wissen, dass Tiere durchaus in der Lage sind, konstruktiv zu handeln und Probleme durch Ausprobieren von möglichen Kombinationen zu lösen. Auch sie können etwas Vorhandenes zu ihrem Werkzeug machen. Aber sie können das Werkzeug selbst wahrscheinlich nicht neu erfinden.

Es ist klar, dass damit die Frage nach der staunenswerten Anwendbarkeit der Mathematik in der Wirklichkeit nicht beantwortet ist.[21] Ich gehe soweit zu sagen, dass die Mathematik zuerst eine Erfindung war, nämlich die Zahlen und die Logik, und danach wurde die Welt nach Zahlen und Logik geordnet. Es war der Denkstil – und indem man sich festgelegt hatte, brauchte man nur noch die Konsequenzen dieser Festlegung zu entdecken, indem man sie formal „ausrechnete" und diese Ergebnisse als Hinweis auf weitere Beziehungen in unserer Welt interpretierte – und das tut man in der Mathematik und Logik bis heute. Das heißt auch, dass die Mathematik uns nichts über die Welt verrät, sie gestattet uns aber die Konsequenzmenge all unserer Sichtweisen durch schrittweise Verfahren, Algorithmen genannt, zu ermitteln. Das Ergebnis empfinden wir dann als Entdeckung, wenn das „Rechenergebnis" überraschend ist in dem Sinne, dass es vorher nicht sofort absehbar war.

Die römischen Baumeister haben Kuppeln ohne finite Elemente gebaut. Einfachste Mathematik erlaubte dem Baumeister Eupalinos um 550 v. Chr. den Bau eines Tunnels auf der Insel Samos von einem Kilometer Länge von beiden Seiten, wobei er den Treffpunkt in der Mitte des Berges in der Höhe um gerade einmal 60 cm verfehlte und beide Vortriebe zur Sicherstellung des Treffpunkts abgeknickt rechtwinklig aufeinander stoßen ließ. Der Tunnel war als Teil einer Wasserleitung mehr als 1000 Jahre in Betrieb. Der Lehrsatz des Pythagoras, mit dem wir bis heute triangulieren, sagt uns nicht, dass die Welt so ist, sondern dass wir in dieser Sichtweise, auf die wir uns im Denken festgelegt haben, in der Welt das eine machen können und mit etwas anderem scheitern werden.

Abb. 6: Aufsicht auf den Tunnelbau des Eupalinos auf Samos. Die beiden Vortriebe knicken ab, um paralleles Weitergraben zu verhindern

Das bedeutet, dass die Mathematik deshalb erfolgreich angewendet werden kann, weil wir die Voraussetzungen für erfolgreiches Handeln schon in der Rechnung die Anfangs- und Randbedingungen, über die wir tatsächlich oder gedacht verfügen könnten, als entscheidende Größen hineinstecken. Wenn wir beispielsweise andere Vorannahmen über die Physik machen würden, z. B. andere Naturkonstanten, würde uns die Mathematik ein Modell des Kosmos liefern, in dem kein Leben möglich wäre. Die Naturkonstanten sind aber eine empirische Erfahrung, die wir im Hinblick auf eine physikalische Theorie machen können – denn jede Messung setzt eine Vortheorie über den zu messenden Prozess voraus. Die Mathematik plaudert also nur aus, was wir ihr über die Welt erzählen, also unsere Erfahrungen, und wenn wir dies mathematisch formulieren, dann berichtet sie uns über die Konsequenzen im Sinne dessen, was daraus gefolgert werden kann. Ob die Aussagen aus dieser Konsequenzmenge erfolgreich angewendet werden können oder nicht, hängt davon ab, ob wir der Mathematik „richtig" über die Welt berichtet haben – d. h. ob unser Modell adäquat war. Wenn also etwas schief geht, verändern wir nicht die Mathematik, sondern unsere Modelle über die Welt.

Immanuel Kant meinte, dass mathematische Einsichten (z. B. Geometrie) Erkenntnisse seien, die man vor aller Erfahrung haben müsste, um überhaupt Erfahrungen machen zu können, diese Erkenntnisse nannte er Erkenntnisse *a priori,* d. h. schon vorab. Sie sind Erkenntnisse, deren Negation zu einem logischen oder einem praktischen Widerspruch führt, und sie müssen allgemein sein, d. h. immer und überall gelten. Dann gab es bei Kant noch die Erkenntnisse *a posteriori*, d. h. danach, also diejenigen, die man durch Erfahrungen gewinnt und die auch anders sein könnten. Sie sind also nicht notwendigerweise so. Damit aber noch nicht genug: Es gab bei Kant auch Erkenntnisse, die synthetisch sind, also etwas über die Welt aussagen, und solche, die er analytisch nannte, z. B. die Einsicht, dass ein Kreis rund sei. Mit anderen Worten: Hier ist die Aussage „ist rund" implizit schon in der Definition von Kreis enthalten. Spannend wird es nun, wenn man die beiden Klassifikationen kombiniert und ein Viererschema daraus macht (vgl. Tab. 3: Urteilsarten nach I. Kant):[17]

Tabelle 3: Urteilsarten nach I. Kant

	A priori Vor aller Erfahrung, notwendig, allgemein	*A posteriori* Aus der Erfahrung folgend
Synthetische Urteile Sagen etwas über die Welt aus	z. B. Aussagen über Bedingung der Möglichkeit von Erfahrung	Fakten: Die Erde ist eine Kugel. Dieselkraftstoff entzündet sich bei 255 °C
Analytische Urteile Sagen etwas über Eigenschaften aus, die im Begriff schon enthalten sind	Mathematische Definitionen, Logik	Begriffserklärung: Ein Kreis ist immer rund.

Viele technische Erkenntnisse sind dann synthetische Urteile *a posteriori*, sagen also etwas über die Welt aus und geben Erfahrungen wieder. Um zu einer präzisen Sprache zu gelangen, sind Definitionen notwendig – analytische Urteile, die praktische und theoretische Begriffe festlegen und auch Festlegungen *a priori*, wie von vornherein schon mit den Begriffen umzugehen ist, also z. B. die Logik und die semantischen, also begrifflichen Definitionen in der Fachsprache. Hierzu gehört auch die Mathematik, sofern man sie als vor aller Erfahrung ansehen will. Aber vielleicht gehören auch Konstruktionssystematiken zu diesen Urteilsarten, selbst wenn diese als erfahrungsbasiert gelten könnten. Kant geht noch einen Schritt weiter und sagt, dass die Mathematik, ähnlich wie seine zwölf Kategorien, ebenfalls zu den Bedingungen der Möglichkeit von Erfahrung gehört – denn ohne Zählen, ohne Geometrie, ohne Grundbegriffe wie Kausalität, Notwendigkeit, Möglichkeit, Einheit, Vielheit – um nur einige seiner Kategorien zu nennen – könnten wir die Welt gar nicht begreifen, geschweige denn in ihr erfolgreich handeln.

Entdeckungen sagen etwas über die Welt aus, gehören also zu den synthetischen Urteilen *a posteriori,* weil sie – auch wenn überraschend – zur Erfahrung gehören und auch anders sein könnten. Nicht jede Entdeckung ist notwendigerweise so, wie sie ist. Erfindungen hingegen setzen meist eine Veränderung der Sichtweisen voraus, die schon angesprochene Funktionsvermutung ist daher eine Idee *vor* der Erfahrung, wäre also *a priori*, aber sie sagt gleichzeitig etwas – Vermutetes – über die Welt aus, die man testen muss. Damit wird sie zu einer Bedingung, testbare Erfahrung machen zu können. In diesem Sinne basieren Erfindungen auf synthetischem Wissen vor aller Erfahrung, also *a priori*. Es ist mir klar, dass nicht alle Kant-Freunde dieser Interpretation zustimmen.

Der Diesel-Motor war also – um die Kinderfrage zu beantworten – vorher nicht im Reich der Ideen, sondern entstand zunächst als Vorstellung durch eine ganze Reihe von Akten der Erkenntnis im Kopf von Rudolph Diesel, indem er beim Denken über sein erfahrenes Wissen hinausging. Damit war nicht nur die Kombination aus vorher schon Dagewesenem neu, sondern das Ganze war neu, und zwar deshalb, weil die Theorie, der Carnotsche Kreisprozess, durch Rudolph Diesel gewissermaßen „praktisch ernst" genommen wurde. Es gibt also doch nichts Praktischeres als eine gute Theorie. Lassen wir ihn zum Schluss selbst zu Wort kommen:

> *„Mag sein, dass sie* [die entscheidende Idee, der Verf.] *manchmal blitzartig auftaucht, meistens wird sie sich aber durch mühevolles Suchen aus zahlreichen Irrtümern herausschälen, sich allmählich durch Vergleiche, Ausscheiden des Wichtigen vom Unwichtigen, mit immer größerer Deutlichkeit dem Bewusstsein aufdrängen, bis sie endlich klar vom Geiste geschaut wird. Die Idee selbst entsteht dabei weder durch Theorie, noch durch Deduktion, sondern intuitiv. Die Wissenschaft ist bloß Hilfsmittel zum Suchen, zum Prüfen, aber nicht Schöpferin des Gedankens."*[23]

Kleine Übung: Wie sehen Sie das: Gibt es wirklich nichts Neues unter der Sonne, wie Friedrich Nietzsche meinte, ist alles die ewige Wiederkehr des Gleichen, oder gibt es wirklich einen Fortschritt? Wenn ja, worin besteht er – was ist das jeweils Neue daran?

5. Wirklich etwas Neues

Ist das Neue bloß die Kombination aus dem Alten?

Neu ist also das, was sich aus dem vorher Dagewesenen nicht ganz zwangsläufig ergibt – auch wenn Erfinder manchmal ihre Leistung bescheiden einfach mit dem Verfahren umschreiben, man hätte ja nur zwei und zwei zusammenzählen müssen. Dann wäre ja jede Erfindung nur eine Konsequenz aus dem schon Vorhergehenden, sie wäre ableitbar, man könnte sie errechnen. Sie wäre eine einfache Extrapolation aus dem Gegebenen. Dann könnte man letztlich den Innovationsprozess an einen Computer delegieren …

Die Einschätzung, was als Innovation gelten mag, ist ähnlich gelagert wie beim Verstehen einer Information: Man braucht die richtige Mischung aus Bestätigung bzw. Bekanntheit und Erstmaligkeit bzw. Überraschung. Was als Neu angesehen wird, hängt vom Vorwissen und damit vom Anteil der Bestätigung durch den wahrnehmenden Beobachter ab. Eine Innovation im Grenzfall, in dem alles völlig neu ist (z. B. für den Nutzer) erscheint dann ebenso unbrauchbar wie in dem Grenzfall, in dem nur das Bekannte, aber vielleicht nur anders verpackt, dargeboten wird. Der Innovationsgrad wird in dem Maße ein Maximum haben (zwischen den beiden Nullpunkten der Grenzfälle), in der die richtige Mischung aus Erstmaligkeit, Neuigkeitsgrad, Überraschung einerseits und der Bestätigung im Sinne einer Anschlussfähigkeit an bisherige Erfahrungen, Gewohnheiten und bewährten technischen Funktionen andererseits gefunden werden kann (siehe Abb. 7: Unsere Strategie (Quelle: © Rolf Hichert. Mit freundlicher Genehmigung von Rolf Hichert)). Es wird allerdings immer Leute geben, die für mehr Neuigkeit aufnahmebereit sind als andere. So bestimmt sich das angesprochene Maximum der Wahrnehmung dessen, was als Innovation empfunden wird, individuell. Technische Gewohnheiten sind genau so hartnäckig wie Alltagsgewohnheiten – letztere sind größtenteils eben technische Gewohnheiten. Das Neue muss sich als übersetzbar in den Begriffen der Gewohnheiten darstellen lassen – das völlig Neue würde daher den Nutzer überfordern.

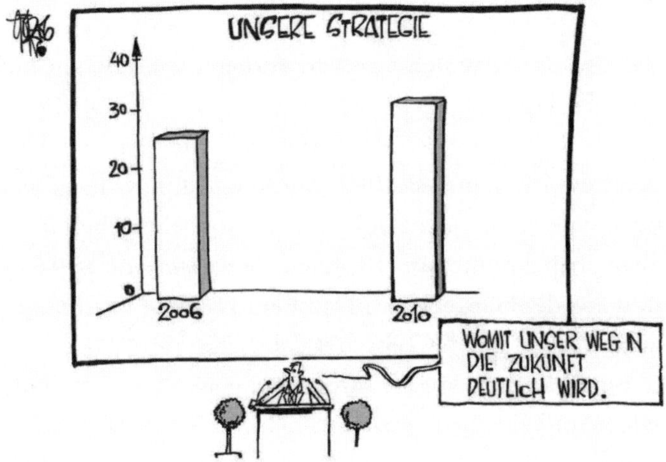

Abb. 7: Unsere Strategie (Quelle: © Rolf Hichert. Mit freundlicher Genehmigung von Rolf Hichert)

Diese Sichtweise erlaubt es, die Frage, was neu an einer neuen Technologie sei, im Sinne dessen zu beantworten, was man als neu anzusehen pflegt. Thesenartig kann man vermuten, dass eine zu große Veränderungsgeschwindigkeit die Wahrnehmung der Innovation und damit vermutlich auch die Akzeptabilität schwächt. Zu viel Überraschung oder Neuigkeit überfordert den normalen Konsumenten und erzeugt Abwehrhaltungen. Umgekehrt werden inkrementelle Verbesserungen fast gar nicht mehr wahrgenommen und auch nicht als Innovation eingeschätzt und daher auch nicht als Innovation propagiert. Zu sehr Bekanntes wird, wenn nur geringfügig verbessert, unbeachtet gelassen.

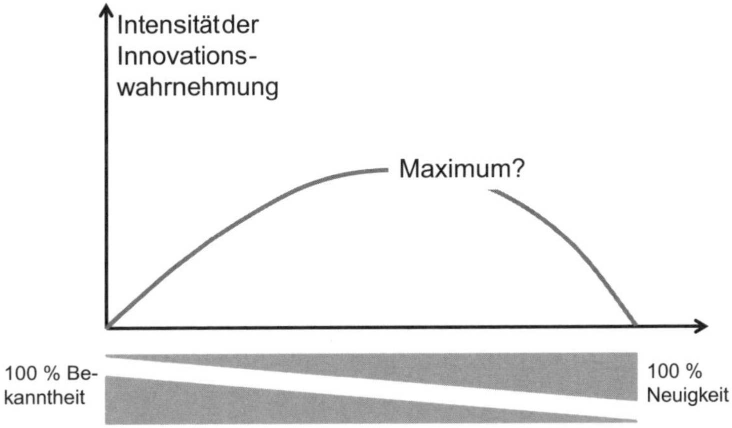

Abb. 8: Bekanntheit und Überraschung als Komponenten für die Intensität der Wahrnehmung von Innovation

Auf diese Weise entsteht eine Wahrnehmungslücke gegenüber dem technischen Fortschritt, die lange nicht bemerkt wird und dann umso überraschender ist, wenn eine Reihe von kleinen Veränderungen nun in der Summe der Zeiten zu plötzlichen Veränderungen in den Lebenswelten der Menschen führen. Und so bemerken wir im Alltag nicht, wie sehr wir durch die Anwendung z. B. der Apps, diesen tausend kleinen Programmen, unser Verhalten ändern, und wir betrachten sie jetzt schon nicht mehr als Innovation.

Noch in den 1950er Jahren galt es als Faustregel, dass man als Hersteller und Verkäufer mit „größer, schneller und höher vom Gleichen“ auch teurer werden konnte. Seit dem Einsetzen der Informatisierung und damit auch der Miniaturisierung, die ja wirtschaftliche Gründe hatte, gilt diese Regel nicht mehr, der Druck geht in Richtung „kleiner – schneller – billiger“. Diese Entwicklung kam nicht über Nacht, aber sie erzeugte trotzdem beim Konsumenten den Eindruck einer explosionsartigen Entwicklung.

Der Technikentwickler wird den Nutzer nicht verstehen, wenn dieser überrascht auf eine Entwicklung reagiert, die schon lange im

Gange ist, und der Nutzer wird den Technikentwickler nicht verstehen, weil er sich mit einer drastischen Änderungen seiner Lebenswelt konfrontiert sieht und hierfür den Entwickler verantwortlich machen möchte.

Zauberwort Innovation

Vielleicht hilft hier das begriffliche Nachdenken, aus dem manchmal euphorisch benutzten Dreiklang der Worte Forschung, Innovation und zukünftige Entwicklung das herauszudestillieren, was darin steckt. Neben der Beschreibung von Entwicklungsprozessen, wie sie stattfinden oder stattgefunden haben, und die, wie wir oben gesehen haben, eben auch soziale Prozesse sind, schwingt immer noch ein Interesse an solchen Prozessen mit, in welcher Richtung sie verlaufen sollten – nämlich zu marktfähigen Produkten. Das wird manchmal recht plakativ ausgedrückt: Forschung sei die Verwandlung von Geld in Wissen, und die Entwicklung von Innovation sei die Verwandlung von Wissen in Geld. Doch so einfach ist es nicht. Denn es spielen Interessen eine Rolle: Der Forscher möchte mit seiner Tätigkeit auch selbst Geld verdienen und Entwicklung braucht zunächst einmal viel Geld, um aus der Erfindung oder dem Erforschten eine Innovation zu machen.

Und so ist der Begriff der Innovation zu einem Signet für eine bestimmte Konzeption von Gesellschaft geworden, die einen stetigen Fortschritt einer Industrie-, Dienstleitungs- und Netzwerkgesellschaft verheißt. Daher ist die Verwendung des Wortes „Innovation“ seit gut fünfzehn Jahren inflationär. „Innovation“ ist zum Kampfbegriff in Wirtschaft, Medien, Werbung und natürlich in einer Politik geworden, die Technologiepolitik nicht mehr so sehr als Ordnungspolitik begreift, sondern den Forschungsergebnissen und Erfindungen den Weg bahnen will, um an Investitionen zu kommen. Innovationen befördern zwar das Wachstum der Wirtschaft durch neue erfolgreiche Produkte, aber sie sind auch die Folge von Wachstumsphasen, in denen mehr Geld für Investitionen zur Verfügung steht. Denn mit innovativen Produkten kann man überschüssige Produktionskapazitäten auslasten und gleichzeitig dem frei flottierenden Kapitalmarkt Anreize bieten. Da diese Konzeption sich ständig verändert, verändert sich auch der Innovationsbegriff.

Trotz aller zeitgeistbedingten Variationen des Begriffs gibt es Invarianten: Im Begriff des Neuen klingt auch das Versprechen an, dass das Produkt, das auf das vergangene Produkt folgt – dem berühmten Vorgängermodell – immer das Bessere sein werde. Dann eben sei das Bessere der Feind des Guten. Der Begriff Innovation deckt dabei eine breite Phänomenologie ab, vom neuen Aussehen alter Gerätschaften *(face-lifting)* bis zum Retrostyle oder Nostalgielook, in dem zuweilen neueste Technologie in altem Aussehen daherkommt, von den radikalen Prozess- und Produktveränderungen der letzten Jahre bis hin zur Bezeichnung einer Haltung – man sei innovativ. Wenn es ein Wort schafft, bis hin zur Identitätsstiftung wirksam zu werden, darf man annehmen, dass es sich um eine semantische Reaktion einer sensiblen Gesellschaft auf äußere Gegebenheiten und Veränderungen handelt. Es ist die sich immer noch beschleunigende Dynamik der technisch-organisatorischen Gestaltung der Welt, die der Mensch mit der ersten industriellen Revolution in Gang gesetzt hat und die sich nun im Prozess der Globalisierung und der Vernetzung unter den Stichworten Industrie 4.0 und Internet der Dinge zu radikalisieren scheint. Der Wunsch nach und der Zwang zu Innovationen sind Ausdruck dieser Beschleunigung und gleichzeitig auch Teil ihrer Ursachen.

Nun sind im technischen Bereich Innovationen am häufigsten und am klarsten sichtbar. Deshalb wird der Begriff, der ursprünglich aus der Wirtschaftswissenschaft stammt und sich auf ein Marktgeschehen bezog, in den technikwissenschaftlichen Disziplinen gerne aus diesem Kontext herausgelöst und für funktionale Veränderungen, Verbesserungen und Neuschöpfungen verwendet, man denke nur an Neuigkeiten in Konstruktion, Schaltungsentwurf, neue Materialien, Produktionsprozesse, Automatisierung, Bionik, Nanotechnologien, additive Fertigungsverfahren, automatisierte Mobilität, veränderte Energieverteilungsprozesse wie Smart Grids und vieles andere.

Die Ökonomik als Lehre beschreibt in manchen Modellen das Marktgeschehen als ein in sich autonomes System, das eine gewisse Unempfindlichkeit gegenüber menschlichen Eingriffsversuchen zeige und, wenn unbeeinflusst, zu einem Gleichgewicht tendieren müsste. In diesen Modellen wird angenommen, dass Innovationen immer wieder vorkommen, nur dass ihre Häufigkeit unter bestimmten Rahmenbedingungen erhöht werden kann. Eben diese Rahmenbedingungen bestimmen wiederum – zumindest nach den jüngsten Erfahrungen der verschiedenen Finanzkrisen –, ob und welche Menschen Nutznießer oder Leidtragende sein werden. Dies gilt insbesondere für organisatorische oder finanzwirtschaftliche Prozessinnovationen, wie sie die neuen Möglichkeiten und komplexen Produkte auf den Finanzmärkten ja durchaus darstellten. In diesem Kontext hat der Begriff des Neuen seinen Glanz verloren und bekommt nun einen für viele Gemüter beängstigenden Zuschnitt. Heute wissen wir, dass diese Modelle dem Wunschdenken Interessierter verpflichtete Idealisierungen sind.

Müssen Innovationen begründet, gerechtfertigt oder kontrolliert werden? Wenn man der Auffassung ist, dass nur der Markt darauf eine Antwort zu geben habe, dann ist dies schon eine bestimmte, modellbasierte Sichtweise, die jedoch aufgrund der Grundlagenkrise der Wirtschaftswissenschaften mittlerweile alles andere als gewiss ist.[24] Eine andere Sichtweise wäre, dass die sozialen, ökonomischen, ökologischen und gesellschaftlichen Aspekte ebenso einer sorgfältigen und aufmerksamen Behandlung wie die technischen Gegebenheiten bedürften und gewisse Ordnungsrahmen beim Innovationsprozess eine Rolle spielen sollten.[25]

Es gibt durchaus Stimmen, die diese letztere Position verneinen. Denn gerade technologische Innovationen stehen paradigmatisch für Innovation, vor allem, wenn sie am Marktgeschehen sichtbar werden. Sie prägen sich in das kulturelle Gedächtnis des Menschen nur dann ein, wenn sie im Nutzen und Gebrauch wahrgenommen werden können. Das setzt einen gewissen Markterfolg voraus. Hinzu kommt die Überzeugung, dass – gerade nach den Erfahrungen in den Finanzkrisen, wovon einige ja noch andauern – Innovationen ein wichtiges Mittel seien, wirtschaftliche Krisen überstehen zu können.

Allerdings hat diese Aufmerksamkeit auch ihre Kehrseite, wenn bemerkt wird, dass es sich bei manchen Innovationen um Scheininnovationen handelt, d. h. dass sie sich letztlich nicht wirklich erfolgreich am Markt behaupten konnten, in Vergessenheit geraten oder auch als Flop im kulturellen Gedächtnis als technologische Saurier haften bleiben. So fallen die zahlreichen Faceliftings, gerade in Automobilbereich oder der Unterhaltungselektronik, mit Recht der Vergessenheit anheim. Es gab Technologien, die große öffentliche Aufmerksamkeit erregten, und sich dann doch als Versager oder Durchgangsstationen erwiesen, die BTX-Technologie zum Beispiel, die sich erfolgreich in Frankreich durchsetzen konnte, nicht jedoch in Deutschland. Das Tamagochi stand nur kurzzeitig im Blickpunkt des Interesses. Andere wiederum wie Toll Collect haben sich nach erheblichen Anfangsschwierigkeiten bewährt und fallen nicht mehr auf. Über den Transrapid ist das Urteil wohl noch immer recht gespalten, obwohl das Projekt mittlerweile definitiv beendet wurde. Das Smartphone oder der LCD-Bildschirm zählen unzweifelhaft zu den bekannten neueren Produktinnovationen, die es „geschafft" haben. Im Bereich der Prozesse kann man das Simultaneous Engineering, das Rapid Prototyping, aber auch die RFID-Technologie anführen, die aus nachvollziehbaren Gründen hinter dem allgemeinen Bekanntheitsgrad der Konsumprodukte zurückbleiben und daher eher nur Fachleuten vertraut sind.

Aber auch Technik und Organisation sozialer Netzwerke, des Versandhandels, der Suchmaschinen können als Innovation aufgefasst werden. Die Diskussionen um die Macht von Facebook, Amazon und Google verweisen darauf, dass es trotz des Markterfolgs, der nach der Schumpeterschen Definition[26] ja Innovation letztlich ausmacht, erhebliche Akzeptanzprobleme gibt.

Dabei muss man zwischen Akzeptanz und Akzeptabilität einer Technologie oder eines Produktes unterscheiden. Ob man beispielsweise ein Smartphone für akzeptabel hält oder nicht, stellt ein Werturteil dar, das man als Nutzer aufgrund seiner Ansichten und Einstellungen fällt. So werden viele ältere Menschen ein Smartphone für zu kompliziert ansehen. Ob man das Smartphone als Produkt akzeptiert, in dem man es zum Beispiel tatsächlich kauft und benutzt, ist eine Frage des Nutzerverhaltens. Akzeptabilität als Urteil und Akzeptanz als Verhalten müssen aber nicht immer zusammenfallen.[27] Das hängt unmittelbar damit zusammen, dass manche Produkte und Dienstleistungen, die der Kunde will und für akzeptabel hält, nur so angeboten werden, dass er dazu ein Produkt oder eine andere Dienstleistung benutzen muss, die er für nicht akzeptabel hält. Damit ist er gezwungen, wenn er die akzeptable Dienstleistung haben möchte, ein Produkt zu kaufen, das er nicht für akzeptabel hält. Damit hat er das Produkt aber akzeptiert.

So ist es oft ein Kennzeichen der angesprochenen Prozessinnovationen und damit der damit zusammenhängenden Geschäftsmodelle, dass sie erfolgreich am Markt und damit innovativ sind, weil sie so „designed" sind, dass sie für den Nutzer, wenn er bestimmte Funktionen will, andere hingegen nicht, alternativlos erscheinen. So muss der Kunde eines Smartphones viele seiner Daten preisgeben, wenn er an den einen oder anderen ihn interessierenden Kommunikationsdiensten ohne weitere Kosten teilnehmen will, er hat keine andere Wahl. Solche als Zwang empfundene Situationen nehmen dem Begriff der Innovation den Glanz und lassen weitere Zwänge befürchten: Was kommt da auf uns zu?

Die Sache mit dem Fortschritt

Der Begriff der Innovation ist eng mit dem Begriff des Fortschritts verbunden. Doch ist der Fortschrittsbegriff älter und ob jede Innovation ein Fortschritt ist, wird von deren Protagonisten natürlich bejaht. Andere halten mit Blick auf die Technikgeschichte der letzten 150 Jahre diese Gleichsetzung für zumindest diskussionswürdig.

Nachgedacht über künftige Neuerungen wurde schon in der Antike. So schrieb Seneca (4 v. Chr. – 65 n. Chr.), ein Zeitgenosse des römischen Kaiser Nero:

> *„Es wird die Zeit kommen, wo die Sorgfalt eines längeren Zeitalters ans Licht bringt, was nun noch verborgen ist … die Zeit wird kommen, wo unsere Nachfahren sich wundern werden, dass wir so offenkundig Dinge noch nicht gekannt haben. Vieles, was uns unbekannt ist, wird ein kommendes Geschlecht wissen, vieles ist den Zeitaltern zu wissen vorbehalten, die dann kommen werden, wenn die Erinnerung an uns geschwunden ist.“*[28]

Allerdings kann Seneca, wie jeder alternde Geist, es nicht lassen, im Fortschritt auch den Verfall zu beklagen:

> *„… nicht nur die Laster nehmen zu, man kümmert sich auch nicht mehr um Philosophie. Deshalb wird das, was die Alten uns an wenig Erforschtem überlassen haben, nicht durch neue Erfindungen ergänzt, es wird sogar das wieder vergessen, was schon erfunden war.“*[29]

Es scheint mir das Grundmoment des modernen Verständnisses von Fortschritt die Zuversicht zu sein, mit der wir glauben, dem gut gerüstet entgegentreten zu können, was auf uns zukommt. Es ist nicht nur immer noch gut gegangen, sondern es wird auch immer besser werden. Unser Dasein ist endlich und die Vergeblichkeit manchen Unterfangens ist uns oft schon im vagen Stadium der Ideenfindung klar. Was aber, wenn gerade mein Vorhaben ein Fortschritt wäre oder zum Fortschritt des Ganzen beitragen würde, wenn es ein Schritt in die richtige Richtung wäre, der Richtung, die die Geschichte einschlägt? Das scheint der Traum vieler Erfinder und Entdecker, Manager und Produzenten zu sein, und es ist ja nicht der schlechteste Traum.

Jenseits der Aufforderung der Aufklärung, sich mutig seines eigenen Verstandes zu bedienen, ist dieser Traum ungemein tröstlich – aufgehoben zu sein im Gang der Geschichte des Fortschritts, zu wissen, dass man den Schritt in die richtige Richtung tut. Mit dieser Gewissheit kann man außer technischen Details nichts falsch machen. Ein paar Rückschläge gibt es immer – was soll uns da noch passieren?

Und so schreitet der Fortschritt unaufhaltsam voran, ehemals sozialistisch oder kapitalistisch, heute marktwirtschaftlich oder technologisch propagiert. Jedes Problem habe, so die Überzeugung eines früheren Forschungsministers, über kurz oder lang eine Lösung, und zwar eine naturwissenschaftlich-technische. Wir weigern uns, unsere Errungenschaften für sterblich zu halten – dies ist der Traum von der Besitzstandswahrung unserer momentanen Einsichten und Erkenntnisse. Doch was passiert, wenn wir aufwachen?

Wir wissen durch die Technikgeschichte und Technikwissenschaft selbst mittlerweile ein wenig besser Bescheid als noch im 20. Jahrhundert, welche Faktoren die Entwicklung von Technik bestimmen. Allerdings können wir, ähnlich wie in der Evolutionstheorie, wo wir zwar auch die Faktoren kennen, keine Prognosen über zukünftige Entwicklungen machen. Es ist tröstlich für den Ingenieur, dass man Erfindungen und Entdeckungen nicht vorhersagen kann. Aber er ist sich sicher, dass es weiterhin Entdeckungen und Erfindungen geben wird. Sein Ingenium bleibt gewahrt – er wenigstens wird nicht durch eine Erfindungs- und Entdeckungsmaschine ersetzt werden.

Es ist durchaus möglich, aus der Technikgeschichte und ihrer Analyse zu erkennen, wie Verwertungszusammenhänge, ökonomische und politische Interessen die Richtung dessen bestimmen, was wir Fortschritte nennen. Die Technikgeschichte ist die Erzählung über die Innovationen von gestern. Und so ist das, was als Fortschritt angesehen wird, immer nur der Schritt in die angeblich richtige Richtung, aber was richtig ist, sagen nicht die Ingenieure oder Techniker, noch viel weniger die Wissenschaftler, sondern diejenigen, die den Fortschritt, den Zuwachs finanzieren und das Forschungs- und Entwicklungsbudget kontrollieren. Welche Schritte als Fortschritte gelten, ist nicht immanent aus der Technik allein, sondern überwiegend aus ihrer Einbettung in den Herstellungs- und Verwertungsprozess erkennbar.

Die zur Schau getragene Gewissheit, mit der immer gerade das, was als technische Entwicklung propagiert, gefördert und erreicht worden ist, als Fortschritt deklariert wird, zeigt die selbstimmunisierende und selbststabilisierende Funktion des Fortschrittsbegriffs.

Damit aber wird es schwierig zu erkennen, dass Technik ihre Bestimmung, nämlich das menschliche Leben in seiner Gesamtheit zu erleichtern, auch verfehlen kann. Wenn wir genauer hinsehen, können wir in Innovationsprozessen durchaus erkennen, wo die Freiheit der Gestaltung zum Zwang umschlagen kann. Und der zeitgenössische Forschungsbetrieb hat die heutige unabdingbare Voraussetzung für technische Fortschritte, die Grundlagenwissenschaften, längst als technisch bedingte Wissenschaften instrumentalisiert und finalisiert, d. h. auf Anwendungsmöglichkeiten hin ausgerichtet.

Die Kommerzialisierung von Wissenschaft hat dazu geführt, dass der technische Fortschritt bei der Entwicklung technischer Funktionalität an den Markterwartungen und an Technikpotenzialen gemessen wird, also der Fähigkeit, weitere Technik zu erzeugen. Dies sind, ökonomisch gesehen, ja durchaus vernünftige und aufschlussreiche Indikatoren.

Man könnte es auch so sagen: Ergebnisse der Wissenschaft und die Technikentwicklung selbst sind zu einem Produkt geworden, das hergestellt werden kann. Nun bestimmt man z. B. in der Wertanalyse den Wert von bestehenden oder neuen Produkten und Dienstleistungen aus dem Quotienten aus Nutzen und Aufwand bezüglich der Funktion der Produkte oder Dienstleistungen, also das, was sie leisten und können. Dies hat eine Sichtweise zur Folge, Wissenschaft als Produktionsprozess wissenschaftlicher Ergebnisse zu begreifen und die technische Entwicklung ebenfalls als ein Produktionsprozess anzusehen, der serienreife Produkte selbst hervorbringt, die dann nur noch in Serie und mit Varianten hergestellt werden müssen. Damit legt man diesen Wertbegriff auch an die Wissenschaft an: Wie hoch ist der Nutzen wissenschaftlicher Tätigkeit bei welchem Aufwand? Der Aufwand selbst ist schnell berechnet – die Forschungsbudgets sind bekannt. Die entscheidende Frage ist dann: Was ist der Nutzen wissenschaftlicher Aktivitäten? Je restriktiver, d. h. kurzfristiger gerechnet wird, wie bei Quartalsberichten in Firmen, umso geringer fällt der so definierte Quotient für wissenschaftliche Tätigkeit aus. Denn nützliche Ergebnisse im Sinne einer Anwendbarkeit lassen in der Wissenschaft manchmal auf sich warten.

Eine Verbesserung des Quotienten ist auf zwei Arten möglich – entweder der Nutzen wird erhöht oder man senkt die Kosten. Das erstere tut man, indem man Wissenschaft dem Anwendungszwang unterwirft, den zweiten Schritt tut man, indem man effizientere Organisationsformen schafft und die Ausbildung strafft. Diese Maßnahmen kann man an den gegenwärtigen Hochschulreformen beobachten.

Diesem Regime, nämlich auf die Anzeichen für die Erfüllung ökonomischer Erwartungen zu achten, hat sich der technische Fortschritt – und mit einer Phasenverschiebung von fast 100 Jahren dann auch die Wissenschaft – seit der Industrialisierung immer mehr beugen müssen. Die Folge davon ist die ökonomische Ausrichtung von Wissenschaftszielen. Dagegen wäre nichts einzuwenden, wenn diese ökonomischen Ziele auch langfristig betrachtet würden – jedenfalls auf so lange Zeiträume, wie die erkannten und möglichen Folgen von Technik, ihrer Gestaltung und Verwendung andauern. Nichts anderes ist der Sinn auch von Technikethik – es geht um die Gerechtigkeit bei der verantwortbaren Verteilung von Lasten und Gewinnen, die uns die Technik bringt. Darauf kommen wir im Kapitel 13 zurück – Fortschritt ist ein zutiefst moralischer Begriff.

Kleine Übung: Man spricht vielfach über den „Preis des Fortschritts" und meint damit, dass neue Produkte, Verfahren und Dienstleistungen Veränderungen mit sich bringen, die mit Kosten, Umstellungen, Nachteilen, Aufgabe von Gewohnheiten etc. verbunden sein können. Versuchen Sie für drei Technologien, die Sie für die entscheidenden Innovationen des 20. Jahrhunderts halten, eine Tabelle zu erstellen, die den Neuigkeitsgrad, die Vorteile und die Nachteile (den „Preis") für jede dieser Technologien kurz angibt.

Nebenbemerkung: Tabellarische Darstellungen zwingen zur Vereinfachung und machen Wissenslücken schnell klar, wenn man sie vervollständigen möchte.

6. Probieren und Testen

Ein Test ist etwas anderes als ein Experiment

„Probieren geht über Studieren“ – richtig, aber das Probieren, und hier ist der Test gemeint, setzt, wie wir oben gesehen haben, ein bisschen Studieren schon voraus. Um dies deutlicher zu machen, greifen wir an dieser Stelle auf einige Ergebnisse der Wissenschaftstheorie zurück, die in Zusammenarbeit mit Technikwissenschaftlern und Ingenieuren erarbeitet wurden.

Technisches Wissen besteht vielfach aus Einzelangaben, die im Rahmen einer technologischen Theorie verstanden werden – wir können es auch Faktenwissen nennen. Mit dabei sind gesetzesartige Aussagen, also das, was man über Physik, Chemie, Biologie etc. wissen muss. Die gesetzesartigen Aussagen werden uns von den entsprechenden Wissenschaften geliefert, das Faktenwissen bekommen wir durch Experimente und durch das, was die Wissenschaftstheorie operative Erfahrung nennt: Man lernt beim Konstruieren, Bauen und Zusammensetzen sowie Probieren und Inbetriebnahme ja immer dazu.

Das **Experiment** ist der zentrale Begriff für die erfahrungsorientierten Wissenschaften: Dessen Durchführung setzt die Herstellung der konkreten Anfangs- und Randbedingungen voraus. Dann beobachtet man den Ablauf des Prozesses und dieser wird mit der Prognose verglichen, die mithilfe einer Hypothese und der Annahme der Randbedingungen aufgestellt oder errechnet wurde. Dieser Vergleich zeigt dann, ob die Hypothese weiter bestehen kann, unter welchen

Randbedingungen sie weder bestätigt noch abgelehnt werden kann oder ob man sie ganz ablehnen muss.

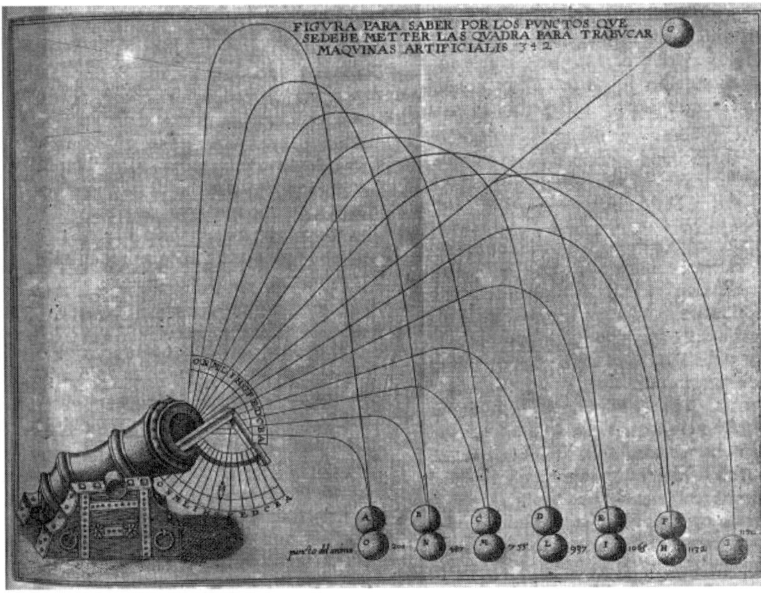

Abb. 9: Der Flug der Kanonenkugel (Quelle: Ufano, Diego, Tratado dela artilleria y uso della platicado por el capitan Diego Ufano en las guerras de Flandes, 1617)

Beim Beispiel einer Kanone (obwohl dies schon ein technisches Gerät darstellt) kann man dies schön zeigen:[30] Die Anfangs- und Randbedingungen müssen durch den Abschuss einer Kugel mit definierter Sprengkraft hergestellt werden So ist die Anfangsgeschwindigkeit der Kugel proportional zur Sprengkraft der Ladung und eine Rahmenbedingung wäre z. B. ein Abschusswinkel von 45°. Die Hypothese ist, dass die Newtonschen Bewegungsgleichungen bei Vernachlässigung des Luftwiderstands recht gut erfüllt werden und die Kugel in einer Wurf-Parabel dann maximale Reichweite hat, wenn der Anstellwinkel der Kanone 45° ist.

Man hat also zwei Stränge: Man muss das Experiment wirklich durchführen. Das kann sehr viel Technik erfordern. Und man muss eine gesetzesartige Aussage haben, z. B. die Newtonschen Differentialgleichungen der Bewegung und man muss mithilfe der im Experiment eingestellten oder präparierten Rand- und Anfangsbedingungen den Verlauf des Prozesses errechnen. Dann wird der Ablauf des Prozesses beobachtet. Die Beobachtung wird dann mit der Prognose verglichen. Die für die Berechnung angenommenen Rand- und Anfangsbedingungen müssen den tatsächlich hergestellten Bedingungen im Experiment entsprechen. Der Berechnung der Dynamik und der numerischen Bestimmung des Ergebnisses müssten dann der Prozess und dessen beobachteter Verlauf entsprechen (vgl. Abb. 10). Die Empirie kann damit angenommene gesetzesartige Aussagen falsifizieren, wenn Beobachtung und theoriegestützte Prognose auseinanderfallen, jedoch niemals vollständig verifizieren oder gar „beweisen", wenn Beobachtung und Prognose übereinstimmen. Dies tun sie sowieso

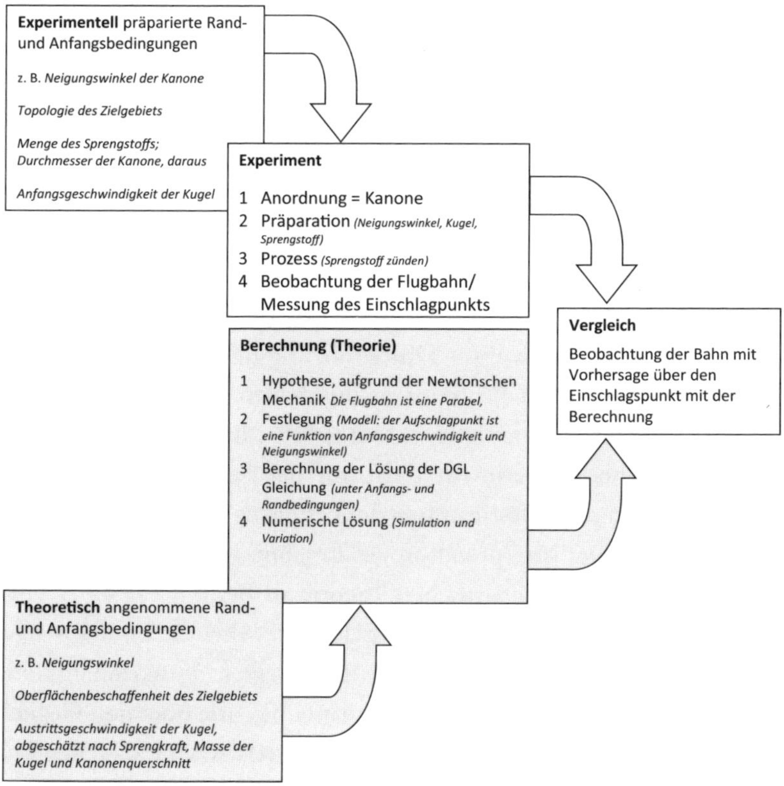

Abb. 10: Vorgehensweise beim Experiment

nur immer graduell. Diese Erkenntnis, die die Freude über ein gelungenes Experiment etwas dämpft, ergab sich für Sir Karl Popper (1902–1994) aus logischen Überlegungen. Eine Hypothese, die durch oftmals wiederholte Experimente nicht falsifiziert, also widerlegt worden ist, bleibt nach Popper immer noch eine Hypothese – unser Wissen ist immer nur vorläufig. Das sollte zu Bescheidenheit mahnen.

Beim **Test** im Bereich der Begründung technischer Praxis werden hingegen aufgrund einer gefundenen Regel ein Zusammenbau, eine Komponente und dergleichen auf die Erfüllung von Funktionen erprobt, die vorher zusammen mit den Rand- und Anfangsbedingungen vermutet worden sind. Eine zu testende Regel stellt eine Funktionsvermutung dar. Diese Funktionsvermutung spielt in den technischen Wissenschaften eine vergleichbare Rolle wie die Hypothese in den Erfahrungswissenschaften. Im Falle der Kanone könnte sie vereinfacht so lauten: Wie groß muss die Kanonenkugel und die Sprengkraft (Austrittsgeschwindigkeit) sein, um eine Stadtmauer bekannter Dicke durchbrechen zu können. Heute könnte man das leicht ausrechnen, im 17. Jahrhundert war man auf den Test angewiesen.

Im Mittelpunkt eines Tests steht also nicht der natürliche oder induzierte Ablauf oder Prozess, sondern die Frage, ob die zu testende Regel in der praktischen Umsetzung effektiv ist. Die Frage ist, ob die technische Handlung in ihrer Durchführung oder das Arrangement der zusammengesetzten Funktionen durch den Zusammenbau von Bauteilen zu dem gewünschten Erfolg geführt hat. Der Messung im wissenschaftlichen Experiment steht auf der Seite des technischen Tests eine quantitative Bestimmung der Erfüllung von Funktionskriterien gegenüber. Der Interpretation des Ergebnisses eines Experiments im Rahmen der wissenschaftlichen Theorie als Bestätigung einer Vorhersage entspricht dann auf der Seite des Tests einer technologischen Theorie die Erfüllung aller vorher festgelegten Funktionalitäten. Diese Erfüllung kann nur im Rahmen einer Theorie über den Gegenstandsbereich der Zwecke oder einer ganzen Klasse von Zwecken bestimmt werden. Hier ist der Zweck, die Stadt durch eine erzeugte Lücke im Mauerwerk erobern zu können (vgl. Abb. 11).[31]

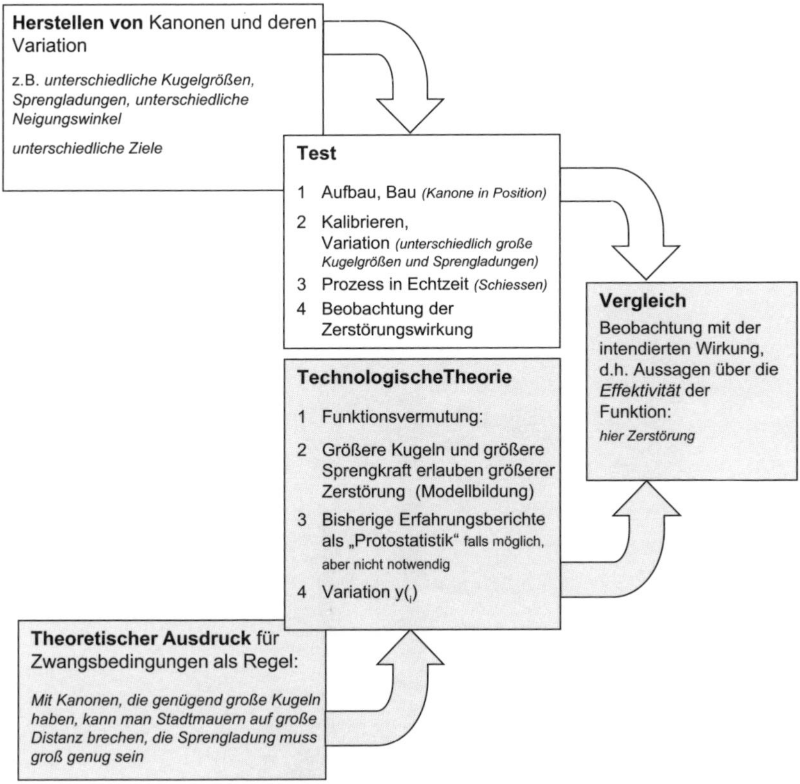

Abb. 11: Vorgehensweise beim Test

Beim technischen Test werden daher eine konkrete Zusammenstellung von Geräten oder Komponenten oder ein konkreter Zusammenbau daraufhin untersucht, ob sie eine vorab definierte Funktion erfüllen oder nicht – es wird dabei keine Generalisierbarkeit angestrebt. Im Experiment wird eine Theorie oder eine Regelmäßigkeit daraufhin untersucht, ob sie sich zu einem bestimmten Grad bewährt bzw. mit welcher Wahrscheinlichkeit sie zutrifft. Hier wird der Blick immer vorrangig auf die Möglichkeit einer Verallgemeinerung gerichtet.

Beim Test wird eine Regel unter der Bedingung der vollständigen Herstellung der Rand- und Anfangsbedingungen (einschließlich der Reihenfolge der notwendigen Handlungen am Artefakt) als effektiv bezeichnet, wenn die gewünschte Funktion erfüllt ist. Dazu muss nicht unbedingt der komplette Verlauf eines Prozesses vorhergesagt werden können. Allerdings reicht es nicht hin, ein singuläres Ereignis zu testen, da der Gebrauch von Technik, der im sozialen Kontext meist ein vielfacher Gebrauch ist, die Replikation von Baubarkeit und von Funktionen im Sinne von Zuverlässigkeit erfordert. Ein einmaliger Testerfolg „beweist" daher ebenso wenig wie ein einmaliger „Fehlstart" (vgl. Abb. 11).

Abb. 12: Die Vanguard-Trägerrakete mit dem ersten U. S.- Satelliten an Bord explodierte am 6. Dez. 1957 in Cape Canaveral (Quelle: NASA)

Jedes Gerät ist anders – Es lebe der Einzelfall

Während sich die Formulierung von technischem Wissen üblicherweise auf eine ganze Klasse von Geräten bezieht, z. B. in einer Konstruktionsanleitung oder einer Bedienungsanleitung, haben wir es, wenn wir technisch handeln, also etwas bauen, benutzen oder bedienen, mit einem konkreten Einzelfall zu tun. Genau eben dieses Gerät mit der Fertigungsnummer XYZ13 hat den Fehler und es kann ja sein, dass die ganze Serie eine ähnliche Fehlfunktion aufweist, aber in der konkreten Situation ist es eben genau dieses Gerät, das seinen Dienst versagt und nicht das kann, was es sollte.

Die Redeweise: „… nicht kann, was es sollte" verrät schon, dass wir das Funktionieren oder Nicht-Funktionieren eines Geräts nicht nur als eine Tatsache ansehen, die der Fall ist, sondern immer unsere Interessen mitschwingen, was wir von einem Gerät erwarten, was es tun sollte, d. h. dass wir normativ argumentieren, wie sprechen nicht nur von Sein, sondern auch vom Sollen.

Und dies ist der zweite Unterschied zu dem anscheinend objektivierenden, wertfreien wissenschaftlichen Vorgehen: Wir machen keine Allaussagen oder verallgemeinernde Urteile wie: „Alle Schwäne sind weiß", sondern wir sagen auch, was wir wollen: „Dieser Schwan hier ist schwarz. Ich hätte aber gern einen weißen". Man sieht daran, dass man aus dem zweiten Satz den ersten schlecht herleiten kann und die umgekehrte Richtung geht auch nicht.

Hier kommt ein Aspekt ins Spiel, der bisher noch nicht genannt worden ist, die Zeit. Wir können an dieser Stell kein neues Kapitel über die Philosophie der Zeit aufmachen – gehört sie doch zu den schwierigsten Fragen der Philosophie. Aber ein Hinweis sei angebracht. Wenn man die Grundgleichungen der Physik anschaut, also die Hamiltonschen Gleichungen der klassischen Mechanik, die Maxwell-Gleichungen der Elektrodynamik, die Schrödingergleichung der Quantentheorie, die Einsteinschen Feldgleichungen der Allgemeinen Relativitätstheorie, dann sieht man, dass man in ihnen die Zeit t durch $-t$ ersetzen kann, ohne dass sich die Gestalt der Gleichung ändert, weil alle Ableitungen nach der Zeit quadratisch vorkommen. Das interpretiert man im Allgemeinen so, dass diese Grundgleichungen invariant gegen eine Vertauschung der Zeitrichtung sind. Sie sind übrigens auch invariant gegen eine Verschiebung auf der Zeitachse. Nur der zweite Hauptsatz der Thermodynamik zeigt eine Zeitrichtung durch die Zunahme der Entropie – aber dieser Hauptsatz gilt nicht als fundamental in der Physik *(law-like),* sondern eher als phänomenologische Gleichung *(fact-like).* Die Zeitinvarianz der Grundgleichungen führt dazu, dass Prozesse, die durch sie beschrieben werden können, auch umgekehrt, sozusagen in die andere Zeitrichtung verlaufen könnten. Die Physik interessiert sich also nicht dafür, in welcher Zeitrichtung und zu welchem Zeitpunkt ein Prozess abläuft. Dies erlaubt sehr verallgemeinernde Aussagen, sozusagen über alle Zeiten hinweg.

Dies ist in der Technik anders. Wir haben es mit irreversiblen, also unumkehrbaren Prozessen wie Altern, Verschleiß, Abrieb, Verfall der Zuverlässigkeit, dissipative Energieverluste beim Speichern, Nutzen oder Entladen etc. zu tun. Prozesse sind zwar wiederholbar, aber wir müssen die Rand- und Anfangsbedingungen zu definierten Zeitpunkten, im Hier und Jetzt, herstellen oder arrangieren – Experimente und Tests haben ein Anfang und ein Ende. Das gilt auch für das Bedienen von Geräten. In der Technik geht es daher auch fundamental um den Einzelfall, in den erfahrungsbasierten Naturwissenschaften eher um verallgemeinerbare Prozesse. Mit dem konkreten Einzelereignis tut sich die Naturwissenschaft schwer.

Solange, bis es kaputt geht

Verschleißtests sind keine Veranstaltung, in der sich kindliche Freude am Kaputtmachen mit wissenschaftlichem Interesse mischt, sondern die negative Gegenprobe für die Prüfung einer Funktionsvermutung. Dass eine Glühbirne im Ein- und Ausschaltest irgendwann einmal kaputt geht, weiß auch der Laie, aber der Test mit vielen Glühbirnen soll einen Wert für eine mittlere Lebens- und Belastungsdauer erbringen. Man wird also eine Statistik der Ergebnisse möglichst vieler Tests zusammenstellen und dann aufgrund der Verteilung sagen, dass die mittlere Lebensdauer des Produkts – sagen wir 1000 Stunden – sei.

Manche Glühbirnen gehen vorher kaputt, andere halten länger, je nach Einzelfall. Der Einzelfall ist nicht vorhersagbar. Aber dennoch kann die Theorie eine wichtige Aussage machen: Die Zuverlässigkeit eines jeden Geräts nimmt mit der Zeit ab,[32] wir könnten auch sagen, alle Geräte altern mit der Zeit, wenn wir nichts dagegen tun, wie Reparatur, Instandhaltung oder gar Erneuerung. Aber wann genau meine Glühbirne kein Licht mehr gibt, das kann die Theorie nicht sagen. Aber es ist eben der konkrete Einzelfall, der dann, je nach Situation, zu kleinen oder großen Katastrophen führen kann.

Deshalb ist die laienbeschwichtigende Aussage, ein Kernkraftwerk könnte höchstens alle 10^5 Jahre explodieren, ein ziemlicher Unsinn.

Im Labor hat's noch funktioniert

Tests im Labor haben einen großen Vorteil: Man kann zum einen meist eine große Stichprobe, also viel Produkte vom selben Typ, testen und man hat zum andern die Rand- und Anfangsbedingungen in der Regel gut in der Hand.

Draußen vor der Labortüre sieht es anders aus: Tests können an bestehenden großen technischen Anlagen nach ihrer Herstellung oder Installation oftmals gar nicht mehr vorgenommen werden. Man muss sich also darauf verlassen können, dass aus der Zuverlässigkeit der Komponenten und dem Zusammenbau in einem abgesicherten Verfahren eine zuverlässige Anlage entsteht. Gewissheit entsteht nur über die Prüfung vor Ort, die Anlage muss sich dann im Einsatz selbst bewähren.

Abb. 13: Ein beliebtes französiches Postkartenmotiv

Der Unterschied zwischen den Ergebnissen im Laborbetrieb und den Ergebnissen beim Gebrauch oder wie man so schön sagt, im richtigen Leben, vor Ort, in der Realität, wie auch immer – hat Gründe, über die es sich lohnt nachzudenken. Einige seien genannt:

a) Im Labor kann man die Bedingungen, unter denen ein Gerät oder eine Anlage funktionieren soll, besser herstellen als draußen vor der Tür. Denn Technik funktioniert nur unter bestimmten Bedingungen, die erfüllt sein müssen. Legt man einen Tsunamischutz für nur sechs Meter Wellenhöhe aus, dann kann die Technik bei einem Tsunami mit neun Meter Höhe nicht mehr funktionieren, wie dies bei Fukushima 2011 der Fall war. Legt man eine Spannbetonbrücke zu schwach aus, kann schon die Rhythmik einer darüber marschierenden Soldatenkolonne zu unkontrollierten Schwingungen anregen, die die Brücke zerstören kann. Solche Anordnungen kann man im Labor nicht mehr testen.

b) Im Labor als einem geschützten Raum fallen mögliche Störeinflüsse, an die man noch gar nicht gedacht hat, weit weniger auf als bei der Anwendung. Man kann also gar nicht „an alles denken", weil man ja auch irgendwann fertig sein muss.

c) Die Kriterien für die Bewährung im „Einsatz" sind bei den im Labor arbeitenden Wissenschaftlern und Entwicklern möglicherweise andere als diejenigen, die die Kunden oder Benutzer der Geräte haben werden. Hier gibt es durchaus Interessenskonflikte, die aufgrund mangelnder Kommunikation zwischen Entwicklern und Nutzern entsteht. Ein Lösungsversuch hierfür stellen die Living Labs dar, die künftige Benutzer und Entwickler einer Technik zu einem gemeinsamen Entwicklungsprozess zusammenbringen wollen. Dabei solle es keine Restriktionen geben, wer mitmachen darf und wer nicht. Mit der Zusammensetzung „Living Labs" sind wohl kaum Einrichtungen wie etwa ein „Wohnlabor" gemeint, vielmehr ist im Sinne einer Entfaltung an die Bedeutung von „lebendiges Labor" zu denken.

Um den Unterschied zwischen Labor und Leben etwas zu verringern, hat man ein Konzept entwickelt, das sich Open Innovation nennt: Firmen versuchen, auf bestimmten Gebieten von gegenseitigem Interesse keine Geheimnisse mehr voreinander zu haben, weil das kontraproduktiv ist. Also tauscht man sich entweder über eingerichtete Foren oder bei gemeinsamen Treffen Interessierter über eine Konstruktion oder eine neue Anwendung aus und entwickelt sie weiter. Dies kann so weit gehen, dass auch die Öffentlichkeit zur Mit-Entwicklung eingeladen wird. Allerdings hat dieses Vorgehen eine Voraussetzung: Die beteiligten Firmen und Partner müssen in der Lage sein, ihr eigenes Wissen weiterzugeben und fremdes Wissen zu verwenden, was durch das Schlagwort ausgedrückt wird: *„Das interne Wissen externalisieren und das externe Wissen internalisieren"*.[33]

Die Ergebnisse müssen sich jedoch, gleichgültig, ob sie im Labor oder im Rahmen einer der neuen Formen entwickelt worden sind, bewähren – sie müssen sich einem Test unterziehen. Tests im Labor finden wie gesagt unter vergleichsweise abgesicherten Rahmenbedingungen statt, Test in Living Labs oder im Anschluss an Open-Innovations-Projekte werden dann entweder wieder an Labors, die dafür ausgerüstet sind, delegiert, oder der Test findet unter halbrealen Praxisbedingungen in Demonstrationsobjekten statt. Das Publikum kann mitmachen, in Demonstrationszentren damit herumspielen und Kritiken abgeben. Diese quasi-idealen Testbedingungen, da künftige Benutzer einbezogen werden, sind allerding aufwendig, verlangen eine Kooperation aller Beteiligten, die auf Grenzen stößt, wenn es um konkurrierende Interessen geht, und sind noch vergleichsweise selten.

Wenn ein materieller Test aus ökonomischen, sicherheitstechnischen oder ethischen Gründen unmöglich ist, tritt an seine Stelle oftmals die Simulation. Dies setzt ein geeignetes Modell voraus. Auf dieses Thema kommen wir nochmals im Kapitel 8 zu sprechen. Denn die Voraussetzungen für die Brauchbarkeit von Simulationsergebnissen sind in den unterschiedlichen Anwendungsgebieten (Naturwissenschaften, Technik, Ökonomie etc.) höchst unterschiedlich.

Eine Patentlösung gibt es nicht. Dass es draußen vor der Türe zuweilen schief geht, hängt auch mit der Unzulänglichkeit menschlichen Handelns zusammen. Wenn es schon heißt: *„Nobody is perfect"*, dann muss man sich auch die Konsequenz klar machen: *„No technology is perfect, because man-made."*

7. Stimmt's oder funktioniert's?

„Baue nie die Schaltung, die Du selbst berechnet hast!"

Diesen wohlgemeinten Rat habe ich von meinem Onkel, der als Professor für Nachrichtentechnik seiner Fürsorgepflicht für seine Studenten auf diese Weise Ausdruck verlieh. Denn bei komplexen Schaltungen treten nicht selten Überraschungen auf, die sich in der Rechnung noch nicht gezeigt haben. Neben der Ironie steckt ein bitteres Körnchen Wahrheit darin: Man kann eine Konstruktion oder Schaltung sehr wohl berechnen und simulieren, aber der Test ist unverzichtbar und bei großen Projekten wie Brücken und Gebäuden ist der tatsächliche Bau der eigentliche Test. Da kann es dann schon schwierig mit den Haftungsfragen werden.

Was heißt funktionieren?

In der Mathematik kennen wir den Begriff der Funktion, altmodisch $y = f(x)$ geschrieben, modern als Abbildung $f: x \rightarrow y$. In der Schulmathematik erleben wir den Begriff eher in operativer Weise: Die Funktion gibt an, was man tun (ausrechnen oder in der Tabelle nachschauen oder zeichnen) muss, wenn man den Wert y für ein ausgewähltes x „haben" möchte. Dies ist im Sinne der Einleitung ein eher phänomenologischer Zugang. Eine Funktion kann sehr kompliziert sein und mehrere tausend Seiten zu ihrer Formulierung brauchen – und zur Berechnung umfangreiche Programme benötigen. Der Begriff des Algorithmus verlängert diesen operativen Funktionsbegriff: Er bezeichnet ein schrittweises Verfahren der effektiven, d. h. einen Zielzustand erreichenden Symbolmanipulation mit endlich vielen Schritten. Eine Funktion, die mithilfe eines solchen Algorithmus berechnen werden kann, nennt man dann berechenbar.

Der Begriff der technischen Funktion scheint zunächst ganz einfach zu sein: Man möchte einen bestimmten Zustand in einem System (Gerät, Einrichtung, Anordnung) erreichen. Das kann man durch einfache Ausrücke wiedergeben, wie Licht spenden, Mauer abstützen, Querkräfte vermeiden, Strom konstant halten, Schwingungen minimieren etc., also mit Substantiven, die den Gegenstand und Verben, die die zu erreichende Eigenschaft benennen.

Um die zu erreichende Eigenschaft zu erhalten, müssen wir handeln. Wir wollen hier keine allgemeine Handlungstheorie aufbauen, denn es geht um technische Handlungen. Sie unterscheiden sich von generellen Handlungen durch zusätzliche Spezifikationen, denn nicht jede Handlung ist eine technische Handlung. Eine technische Handlung ist durch sechs Merkmale gekennzeichnet:

1. Das handelnde Subjekt, das eine Handlung auch absichtlich unterlassen kann, nicht nur aus Gründen des Nichtkönnens
2. Veränderungen der Eigenschaften des Objekts durch das Subjekt (Eingriffe, Handlung im engeren Sinne), Objekte können dabei auch nicht-materiell sein (z. B. Programme)
3. Objekte, Zustandsänderungen und Prozesse, die an dieser Handlung beteiligt sind
4. Instrumente (Hilfsmittel, die den Aktionsmöglichkeit menschlicher Handlungen übersteigen, erweitern und verstärken)
5. auf explizitem oder impliziten Wissen aufbauende Verfahren (Anordnungsregeln zur Abfolge von Teilhandlungen) und
6. die Nutzung der durch die Handlung hervorgerufenen Veränderungen, Objekte und Prozesse. Dabei sollte die Möglichkeit der Nutzung mit dem vorher definierbaren Ziel der Handlung korrespondieren.

Aus dieser Spezifikation sieht man sofort: Technische Handlungen sind nicht Einzelschritte, sondern immer zusammengesetzt, sie können gelingen oder scheitern. Bleibt man auf der Ebene der Handlungen selbst, und diese sind vom Standpunkt der Technik interessanter, so sind dies keine Aussagen mehr, die wahrheitsdefinit sein könnten. Eine technische Handlung ist effektiv oder nicht, d. h. ihr Ergebnis erfüllt in gewisser Weise die Nutzungsvorstellung des handelnden Subjekts hinsichtlich eines Ziels. Jede technische Handlung ist dann aufgrund der oben geforderten Regelhaftigkeit (Verfahren) aus Elementarakten zusammengesetzt. Diese Elementarakte kann man sich als Durchführungen von Handlungen denken, die zumindest eine Wirkung haben, nämlich eine Eigenschaft eines Gegenstandes zu verändern oder einen Zustand, der mit einer Proposition (Zuschreibung einer Eigenschaft zu einem Gegenstand) beschrieben werden kann, zu realisieren (verwirklichen, wirklich zu machen).

Die Verben hierfür scheinen landsmannschaftlich verschieden zu sein. Laut Weck (2007, S. 75) hat der Preuße *etwas geschafft*, im Dritten Reich sprach man gern von *durchgeführt*, der Hanseat *erzielt*, der Schwabe hat *etwas geleistet*, der Neudeutsche hat *etwas hinbekommen*, wenn eine Handlung effektiv gewesen ist. Die Verneinungen dienen als sprachlicher Lackmustest für versteckte Bedeutungen: etwas nicht zu schaffen, heißt *versagen*, etwas nicht durchzuführen, heißt eher *zu unterlassen*, etwas nicht erzielt zu haben, heißt *scheitern*, etwas nicht geleistet zu haben, heißt *unfähig* oder unwillig dazu zu sein, etwas nicht hinbekommen zu haben heißt, es sei *schief gelaufen*.

Es lohnt sich also, bei der Beschreibung technischer Funktionen auf die Sprache zu achten. Ob es nun funktioniert, hängt davon ob, ob das Gerät oder der entsprechende Vorgang, sei es auf zusammengesetzter, sei es auf elementarer Ebene, dem entspricht, was als Ziel gesetzt wurde. Eine technische Funktion ist das erwünschte Ergebnis einer technischen Handlung, aber Handlungen können scheitern. Was geschieht dann? Die Funktion wird nicht realisiert, es funktioniert nicht. Kann man das Nicht-funktionieren technischer Funktionen zeigen, so wie man logische oder mathematische Widersprüche aufzeigen kann? Man vermutet richtig: Der Widerspruch in der Logik oder in der Mathematik ist etwas anderes als „Widersprüche" in der Technik, denn wir haben es einerseits mit wahren und falschen Aussagen in der Theorie zu tun, aber mit effektiven oder nicht effektiven Handlungen in der Technik. Wir müssten in der Technik daher nicht von Widerspruch, sondern eher von „Gegeneffektivität" sprechen.

Warum kann man Technik rechnen?

Um eine Interpretationshilfe für diese Unterscheidungen zu haben, sei auf L. Wittgenstein verwiesen: „*Wir können nichts unlogisches denken, weil wir sonst unlogisch denken müssten.*"[34] In Analogie dazu könnten wir sagen: Wir können nichts Unmögliches bauen, weil wir sonst untechnisch bauen müssten. So, wie das Fremde immer nur im Begriffsraster des Eigenen dargestellt werden kann, können auch der Gegensatz und damit der Widerspruch nur in Begriffen des Gegensatzfreien und des Widerspruchsfreien, d. h. in der Logik in Begriffen des Folgerichtigen dargestellt werden. Lapidar weiß jeder Technikbetreibende: Ein technischer Fehler kann nur in Begriffen des Funktionierens dargestellt werden.

Wissenschaftslogische Untersuchungen zeigen, dass ein Gegensatz in der Logik zu Widersprüchen führt. Diese bezeichnet man als Antilogien, Antinomien oder Paradoxien. Der Gegenstand der Betrachtung sind in diesem Falle formale Systeme wie Kalküle. Ein Gegensatz in der Theorie, d. h. einer Beschreibung eines Gegenstandsbereichs führt, wenn er rein syntaktisch ist, zu Inkonsistenzen, die die Beschreibung schon auf dieser Ebene unbrauchbar machen. Kontradiktorische Aussagen führen zum Verlust des inneren Zusammenhalts einer Theorie, sie fällt dann in Teile auseinander, die zwar jeweils in sich wieder brauchbar sein können, aber nicht miteinander verwendet werden können (z. B. kann man die Allgemeine Relativitätstheorie und Quantenelektrodynamik noch nicht zusammenbringen, ohne Widersprüche zu erzeugen). Gegensätze in einer Theorie über einen

Gegenstandsbereich machen sich formal bemerkbar in der Form des konträren prädikativen Widerspruchs. Wir könnten es auch so sagen: Die Ontologie (im Sinne des Begriffs, wie ihn die Informatik gebraucht) des Gegenstandsbereichs ist nicht konsistent formulierbar.

Ein pragmatischer Widerspruch, d. h. die Kombination von sich gegenseitig zuwiderlaufenden Handlungen führt in einer technologischen Theorie zu gegenläufigen operativen Regeln, deren Gegeneffektivität schon auf der Ebene der Beschreibung festgestellt werden sollte. Dazu bräuchte man eine Logik der technologischen Regeln, die es bisher erst in Ansätzen gibt.[35] Dies ist auch der Grund für die Entwicklungsversuche einer Wissenschaftstheorie der Technikwissenschaften. Denn dahinter stecken eine Reihe verzwickter philosophischer Fragen, deren Beantwortung vielleicht zu besseren technologischen Theorien führen könnte.

Ist der Gegenstand der Betrachtung die Realität, so wird bei logischen Widersprüchen die Frage zu stellen sein, ob es in der Welt außerlogische oder a-kategoriale Prozesse und Zusammenhänge gibt. Dass die Logik nicht alle Wirklichkeit ausdrücken kann, ist bekannt. Im Rahmen dessen, wie wir unser Bild von der Welt konstruieren, hängt es von unserer gewählten Ontologie ab, ob wir die Gegensätze in der Welt selbst oder in deren Beschreibung wiederzufinden meinen. Zum Bedeutungsumfang bestimmter Begriffe oder Namen für Gegenstände gehören bestimmte Eigenschaften oder auch nicht: Ideen haben keine Masse, Elektronen sind nicht grün und Schwingungen haben eine Frequenz, aber keinen Geruch. Gegenteilige Aussagen werden als widersprüchlich angesehen, eine entsprechende Erfahrung wäre als Irregularität des Verhaltens von Objekten in der Welt anzusehen. Das bedeutet auch, dass bei der Darstellung z. B. unmöglicher Objekte letztlich semantische und logische Widersprüche auftauchen, die sich dann in der Nicht-Machbarkeit auswirken. Der pragmatische Gegensatz wird auf der Ebene der Sache als gegenphysikalisch gesehen: Man kann nicht gegen die Physik handeln. Freilich ist dieser Satz konstruktivistisch zu verstehen: Physik (beispielhaft hier für die Naturwissenschaften) ist eine Beschreibung dessen, was wir für Regularitäten in der Wirklichkeit meinen anzutreffen, zu beobachten und ausnutzen zu können. Wir konstruieren unser Verständnis von Welt mithilfe physikalischer Begriffe und Theorien.

Auf der Ebene der Logik macht bei widersprüchlichen Programmen (Syntax) die Maschine eben halt, sie „verträgt" keine Widersprüche. Wir können auch die „Bedienung" einer rein mechanischen oder elektrischen Einrichtung formal als Programm ansehen – wir richten strukturierte Randbedingungen für, in und mit der Maschine ablaufende Prozesse her. Syntaxfehler wären hier z. B. die Vertauschung der Reihenfolge von zeitlich geordneten Ereignissen, was dann zur Dysfunktionalität, d. h. einem systemischen Nicht-Funktionieren der Maschine, führt. Ob und zu welcher Zufriedenheit eine Technik funktioniert, kann wiederum nur im Rahmen der Zwecke, für die sie benutzt wird, entschieden werden.

Eine Analyse der falschen Bedienung oder des Programmierfehlers auf der semantischen Ebene, also der begrifflichen Bedeutung, müsste schon die Entdeckung der Nichteffektivität der technologischen Regel ermöglichen. Sofern sie auf einer Unverträglichkeit von Eigenschaften beruht, ist dieses Verfahren jedem Ingenieur zumindest implizit geläufig. Wir wissen, wir können bei rein formalen, also syntaktischen Fehlern nicht unbedingt auf die Semantik schließen: Die syntaktische Fehlerfreiheit ist eine notwendige, aber keine hinreichende Bedingung für die Freiheit von semantischen Gegensätzen. Pragmatisch machen sich Gegensätze in der Maschine durch das Scheitern ihrer Verwendung in definierten Ziel-Mittel-Beziehungen bemerkbar: Wir scheitern dann im Tun, Lassen und Verhindern von Handlungen an dem, mit dem und durch das, was wir schon hergestellt haben.

Damit wird unsere Realitätskonstruktion vermutlich vielmehr davon beeinflusst, was wir tatsächlich machen, d. h. auch bauen können, und vor allem, an welchen Vorhaben wir scheitern, als durch das, was wir lediglich beobachten und beschreiben können.

Das hört sich zugegebenermaßen noch etwas abstrakt an. Die Karikatur in Abbildung 14 zeigt ohne große Worte, wie wir großartig scheitern können, weil unterschiedliche betriebliche Bereiche ein Produkt unterschiedlich sehen und wie der Informationsfluss gestört ist.[36]

Abb. 14: ... und das wollte der Kunde (Quelle: © Rolf Hichert. Mit freundlicher Genehmigung von Rolf Hichert)

8. Simulation und virtual reality

„Der Wein erfindet nichts, er schwatzts nur aus.“[37]

Wenn der Test zu teuer und zu gefährlich wird

Aus dem kalten Krieg und der Zeit der atmosphärischen Nukleartests wissen wir, dass der Eintrag der Radioaktivität in die Atmosphäre bis 1962 etwa dem entsprach, was später bei der Tschernobyl-Havarie 1986 nochmals freigesetzt und verteilt wurde. Aus diesen und auch aus politischen Gründen einigte man sich auf ein Ende der Kernwaffenversuche schon 1963 (ohne China und Frankreich). Seither gibt es lediglich unterirdische Tests, weil man sie angeblich zur Kalibrierung von Berechnungen benötigt. Wie auch immer – aufgrund der nunmehr verfügbaren Rechnerkapazität ist man nicht nur im Bereich der Kernwaffen immer mehr auf die Simulation umgestiegen. Sie ersetzt mittlerweile in großen Umfang den technischen Test, also die Frage nach dem Einzelfall und nach der Funktionsvermutung, wenn ein Test am realen Vorgang zu teuer, zu gefährlich, moralisch bedenklich oder politisch inopportun werden könnte. Die Visualisierungsmöglichkeiten sind seit den 70er Jahren fast exponentiell angestiegen – man kann heute ein noch nicht gebautes, aber durchkonstruiertes Produkt von allen Seiten durchschauen, visuell hindurchfahren, durchdringen, drehen, wenden, kippen, schrumpfen, vergrößern, beleuchten, schattieren, einfärben etc.

Ein Simulationsprogramm setzt bekanntlich ein mathematisches

Modell voraus. Durch die benutzerfreundlichen Oberflächen mancher Simulationsprogramme wird der Modellbildungsprozess in gewisser Weise vorstrukturiert, d. h. der Benutzer ist sich zum Teil in der alltäglichen Praxis über die verwendeten mathematischen Hintergründe gar nicht mehr im Klaren. Das Ergebnis, vor allem, wenn es bereits grafisch und farbig aufbereitet ist, suggeriert einen Anschein von Plausibilität und Objektivität, dem sich gerade ein Anfänger oder eine Anfängerin auf diesem Gebiet kaum entziehen kann.

Hier soll zunächst einem sprachlichen Missverständnis vorgebeugt werden. In der Systemtheorie, in der Technik und im alltäglichen Sprachgebrauch wird unter Modell meistens eine Abbildung verstanden, die Grundzüge dessen, was es abbildet, modelliert, also in gewisser Weise anstelle des Originals zur Verfügung stellt. Es gibt Formmodelle (Spielzeugautos), Funktionsmodelle (die genau so funktionieren wie das Original, aber eine andere Form haben, z. B. eine künstliche Niere) und es gibt Verhaltensmodelle – diese sind meistens Simulationsmodelle, also mathematische Beschreibungen, deren Lösungsmannigfaltigkeiten den Verhaltensverlauf des Originals mehr oder weniger gut wiedergeben können. Neben diesem Modellbegriff kommt z. B. in der Juristerei der Modellbegriff anders vor: Man spricht von einem Modellfall, wenn man einen konkreten Fall einer Rechtsstreitigkeit hat, für den ein bestimmtes Gesetz zutrifft. Bezüglich dieses Gesetzes ist dann der zutreffende Einzelfall ein Modell. In diesem (hier nun sehr intuitiv dargestellten) Sinne wird auch der Modellbegriff in der Logik verwendet.

Was ein Simulationsprogramm erzählt und was es verschweigt

Kolleginnen und Kollegen aus der Informatik und dem Softwareengineering vertraten die Auffassung, dass ein Computerprogramm eine Art von Theorie darstellt, und zwar über den Gegenstandbereich, in dem das Programm dereinst eingesetzt werden soll.[38] Nimmt man das ernst, dann sieht man, dass Theorie und Modell eng zusammenhängen müssen. Denn die Theorie bestimmt nach Einstein nicht nur, was wir beobachten können, sondern auch, was für Modelle wir bauen, und damit auch das, was wir bei der Simulation „sehen" können. Gerade die Visualisierung gaukelt uns eine Objektivität vor, die es so nicht gibt und die gewissermaßen – in Analogie zur optischen Täuschung – eine Täuschung der Erkenntnis werden kann.

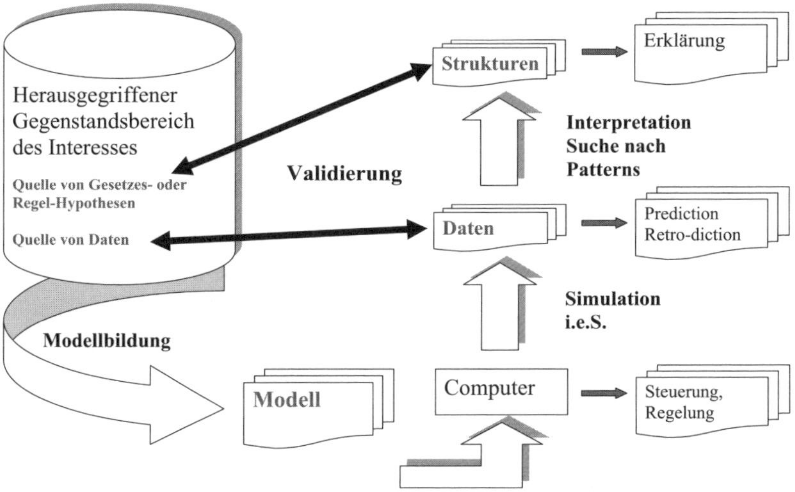

Abb. 15: Struktur der Simulation (Erläuterung siehe Text)

Man kann anhand der strukturellen Zusammenhänge bei der Simulation in Abbildung 15 die oftmals unhinterfragten Voraussetzungen, die wir dabei machen, gut zeigen. Die erste Entscheidung, die nicht objektiv ist, d. h. nicht ausschließlich vom Gegenstand allein, sondern auch von Interessen und Möglichkeiten bestimmt wird, ist das Herausgreifen eines Gegenstandsbereichs, dessen Prozesse oder Zustände wir simulieren wollen. Dies führt als nächster Schritt zur Modellbildung.

Ein Modell ist immer ein Modell von etwas. Was dieses Etwas ist, bestimmt der Modellbauer. Das ist ein enorm wichtiger Satz, weil der Modellbauer Interessen am Modell hat. Er möchte damit vielleicht ein Simulationsprogramm für Strömungsverhältnisse an einem Tragflügel entwickeln, um sich die Kosten für den Windkanal zu sparen. Dann wird er Kabinenstabilität, Luftdruck in der Kabine, Triebwerksdaten, sofern sie nicht die äußeren geometrischen Abmessungen betreffen, und andere Aspekte vielleicht vernachlässigen können, ohne die Aussagekraft des Simulationsmodells zu schmälern – im Hinblick darauf, was er untersuchen will. Die Simulation der Schaltung eines Kommunikationssystems an Bord wird sich um die eben genannten Strömungsverhältnisse wenig kümmern, sie setzt neben dem Schaltungsplan und der Eigenschaft der Komponenten der Schaltung und Endgeräte eher eine Vorstellung dessen voraus, wer wo was intern an Bord mit wem zu welcher Zeit während, vor und nach dem Flug kommunizieren müsste. Modellbildung ist selektiv – was noch betrachtet wird, wo die Systemgrenzen sind, entscheidet der Autor des Systems. Dies ist bewusst so provozierend formuliert, denn Systeme sind meist mathematisierte, also im Formalismus ausgedrückte Beschreibungen von gemäß unseren Interessen abgegrenzten Gegenstandbereichen. Wenn alles mit allem zusammenhängt, kann man nichts mehr aussagen und auch kein Modell mehr machen. Dass sich die Grenzen des Systems und damit des Modells an ersten, sinnfälligen und offenkundigen Eindrücken orientieren, wie physikalische Oberflächen oder organisatorische und institutionelle Grenzen, ist verständlich und meistens auch sehr praktisch, aber nicht unbedingt denknotwendig – und manchmal auch nicht zielführend.

Daten kann man aus dem herausgegriffenen Gegenstandsbereich nur sinnvoll gewinnen, wenn man innerhalb des Modells quantitative oder auch qualitative Variablen (also Messgrößen) festgelegt hat und für sie auch ein Messverfahren definieren kann. Diese Daten dienen dann dazu, entweder das Modell zu kalibrieren, z. B. Rand- und Anfangsbedingungen von Prozessen und die Parameter festzulegen, oder die aus den Simulationsläufen gewonnenen Daten mit den gemessenen oder erhobenen Daten zu vergleichen.

Die Simulation ist die Erzeugung von Verhaltensdaten eines aus dem Modell definierten Prozesses. Diese Erzeugung kann durch Computer oder – im einfachsten Falle – durch Rechnen auf dem Papier geschehen. Dass die Rechenzeiten bei komplexen Algorithmen schon Stunden oder Tage selbst bei Superrechnern betragen können, ändert am Prinzip daran nichts: Es sind schrittweise Berechnungen, deren Ergebnisse als Daten aus dem Gegenstandbereich interpretiert werden und dann verglichen werden können. Ihre visuelle Darstellung und die weitere Auswertung auf der Suche nach Mustern – gerade wenn man verschiedene Simulationsläufe mit unterschiedlichen Parametern vergleicht – ermöglichen dann eine Validierung der Simulationsergebnisse mit „Blick“ auf den Gegenstandsbereich.

Man sieht auch in Abbildung 15, dass Simulation ein Mittel ist, um im Wesentlichen drei Funktionen zu unterstützen: Erstens die Erzeugung von Signalen und Daten zur Regelung und Steuerung von Prozessen, zweites die Vorhersage der Dynamik von Prozessen, manchmal auch die Retrodiktion, also die Rekonstruktion von Prozessverläufen in der Vergangenheit, und drittens die Suche nach Erklärungen, Regularitäten und Strukturen des Prozesses, die sich als Muster in den Daten ausdrücken können. Wenn diese Muster visualisiert werden können, dann haben sie eine verführerische Wirkung. Dennoch muss man sich klar machen: Jede Simulation ist das Ergebnis eines (mathematischen) Modells und des Programms, mit dem sie errechnet wurde. Sie erzählt uns also nichts Neues, sondern nur etwas aus der rechnerisch darstellbaren Konsequenzmenge des Modells, das unsere Sicht des Gegenstandsbereichs widergibt. Mehr nicht – aber das ist schon eine ganze Menge …

Anschaulichkeit kann trügen

Die Macht der Bilder zeigt sich auch hier. Chaos-Theorie und Fraktale, eigentlich völlig abstrakte mathematische Gebilde, erreichten eine für die Mathematik nie gekannte Popularität durch ihre Visualisierungen, die einen eigentümlichen ästhetischen Reiz hervorrufen. Die Kommentare sprachen von der Schönheit der Mathematik bis hin zu tieferen, nie gesehenen inneren Strukturen des Seins; aber was diese Visualisierungen meistens nicht verständlich machen konnten, war die Mathematik selbst, die dahinter steckte. Die ist auch heute dem Laien in der Tiefe ohne ausführliches Studium nicht zugänglich. Man glaubt also, etwas zu sehen oder noch schlimmer, aufgrund des visuellen Eindrucks, verstanden zu haben.

Wir sind nun einmal visuelle Wesen, man muss nur die Menge an Informationen (in Bits gerechnet), die wir jede Sekunde im Wachzustand visuell aufnehmen und verarbeiten, mit dem Kanalkapazitäten unseres Hör- oder Tastsinns vergleichen. Hunde leben in einer Riechwelt, Fledermäuse in einer Welt, die sie bevorzugt aus reflektierten Ultraschallsignalen wahrnehmen. Unsere räumlichen Vorstellungen spielen uns immer wieder einen Streich beim visuellen Erkennen – siehe optische Täuschungen – und das ist beim Betrachten von Visualisierungen in der Technik auch nicht viel anders.

Abb. 16: „Und man siehet die im Lichte, die im Dunkeln sieht man nicht" (B. Brecht), Quelle: © Rolf Hichert. Mit freundlicher Genehmigung von Rolf Hichert)

Im Innern des Motors

Maschinenbauingenieure kennen die sogenannte Explosionszeichnung: Das Aggregat, z. B. ein Motor oder eine Pumpe, wird auseinandergezogen. Man sieht alle Teile an ihrem Ort, aber etwas auseinandergerückt in dreidimensionaler Darstellung (Abb. 17),[39] wie wenn sie auseinanderfliegen würden. Daher der Name Explosionszeichnung. Die Erstellung solcher Zeichnungen war früher sehr aufwendig und trotzdem wurden sie häufig gemacht, weil man als Konstrukteur wie auch als Servicetechniker daraus schnell die Funktion der Teile aus ihrer Beinahe-Position erkennen kann und die Struktur des Zusammenbaus rasch klar wird. Das bedeutet auch, dass man aus räumlichen Darstellungen – unter der Voraussetzung, dass man etwas von den entsprechenden Aggregaten versteht – auf Funktionen schließen kann. Die Umkehrung ist die Konstruktion, nämlich aus funktionellen Vorstellungen Gebilde zu erschaffen, die sie erfüllen. Der nächste Schritt ist die Dynamisierung dieser Darstellung – man kann die Explosion auf der Zeitachse ablaufen lassen und den Explosionstand hin und her schieben. Man kann räumlich drehen, spiegeln, vergrößern und verkleinern und sozusagen durch die Struktur hindurch fahren. All das erlaubt phantastische Variationsmöglichkeiten und anschauliche Sichtweisen, wie es im Motor aussieht oder aussehen könnte. Kommen dann noch die bildlichen Darstellungen der Simulation von Verbrennungsprozessen und Bewegung der Teile hinzu, hat man den Motor so gut wie möglich visuell in Dynamik und Struktur erfasst – ein Hilfsmittel, das zu technischen Erkenntnissen führt, die man im Test allein nicht hätte gewinnen können.

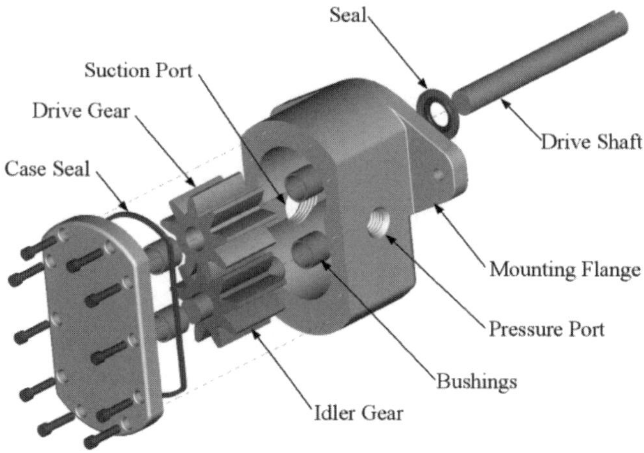

Abb. 17: Explosionszeichnung einer Zahradpumpe (Quelle: Wiki Common License)

Gleichwohl – was im Modell nicht berücksichtigt wird oder nicht berücksichtigt werden kann, „sieht" man auch in der Visualisierung nicht. Denn die Komplexität setzt dem besten Modell Grenzen (siehe Kap. 9). Hinzu kommt, dass wir auch visuelle Darstellungen, ebenso wie Texte oder das gesprochene Wort, interpretieren. Diese Interpretation hängt wieder davon ab, was wir schon wissen – der Laie findet die Eleganz von Kurvenscharen anziehend, der Fachmensch misstraut den Kurven oder auch der räumliche Darstellung umso mehr, je besser er die Grenzen seines Modells bereits kennt.

Man kann das Folgende als eine kleine erkenntnistheoretische Übung ansehen: Was sehen Sie im unten stehenden Bild?

Sehen Sie

a) eine Simulation der Verteilung einer Abwasserverschmutzung im Mittelmeers
b) ein dreidimensionales Logo einer Internetfirma, oder
c) eine Aufenthaltssimulation von Personen, die aus einem Stadium strömen?

Wenn Sie (a) angekreuzt haben, sind Sie wahrscheinlich Ingenieur. Wenn Sie (b) angekreuzt haben, sind Sie wahrscheinlich Designer,

Künstler etc. Wenn Sie (c) gewählt haben, könnte es sich bei Ihnen um einen Geistes- oder Sozialwissenschaftler handeln.

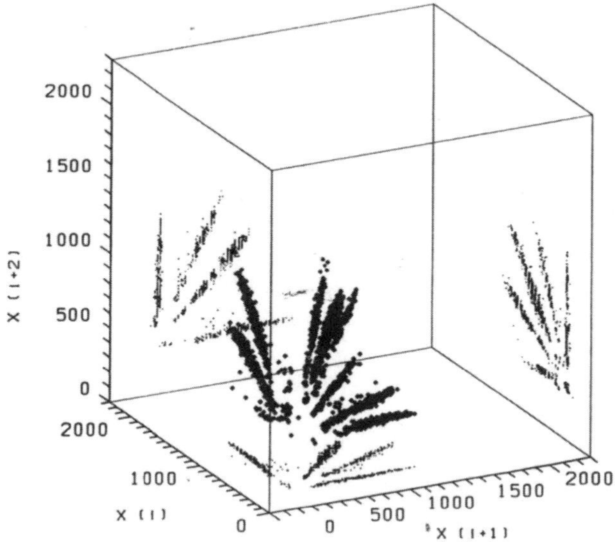

Abb. 18: Zustände in einer Phasenraumdarstellung (Quelle: Morfill und Scheingraber, Chaos ist überall - und es funktionert. Ullstein, Berlin)

Leider trifft keine der drei Möglichkeiten, die angeboten wurden, zu. Es handelt sich um die Darstellung eines Zustandsraums mit den Variablen: Herzfrequenz x(i) zum Zeitpunkt i, und dessen erste Verzögerung zum Zeitpunkt i+1, also x (i+1) und die zweite Verzögerung x (i+2). Der Kardiologe erkennt aus der Zerfaserung der Verteilung der Punkte die Typologie der Unregelmäßigkeiten des Herzschlags, vor allem durch die Darstellung der zeitlichen Verzögerung, wie stabil die Herzfrequenz ist. Der Patient, von dem dieses Phasenraumbild aus einem EKG errechnet wurde, verstarb bald darauf an Herzversagen.[40]

So kann man sich täuschen und so wird man sich immer wieder täuschen. Optische Täuschungen können wir mittlerweile in der Sinnesphysiologie gut erklären. Erkenntnistäuschungen sind eher eine Frage der Interpretation – und da hat die Philosophie vielleicht doch etwas beizutragen.

Big Data = Think Big?

Abb. 19: What's up, Doc? (Quelle: Vladimir Rencin)

Es ist nach meiner Überzeugung ein kategorialer Irrtum, dass sich das Denken nach den Daten richten solle. Hier hilft das Begriffsgeschäft der Philosophie, denn in dieser Diskussion scheinen die Bedeutungen der verwendeten Begriffe ziemlich weit zu streuen.

Es war David Hume, den wir in der Einleitung schon im Zusammenhang mit dem Begriff des Induktionsproblems kennengelernt haben, dem als ein Kritiker und Vordenker der wissenschaftlichen Methode auffiel, dass trotz der vernünftigen Orientierung an dem, was man beobachten kann, eine gewisse Unsicherheit bleiben würde: Auch wenn die Sonne tausendmal aufgegangen ist, können wir nicht streng daraus schließen, dass sie das am nächsten Tag auch tun wird, denn das zukünftige Ereignis können wir ja jetzt, wenn wir eine Aussage machen wollen, noch nicht beobachten. Diesen Schluss nannte Hume die Induktion, also von vielen eingetretenen Fällen auf ein Gesamtgesetz zu schließen. Der umgekehrte Fall, von einer allgemeinen Aussage auf den Einzelfall zu schließen, ist Sache der Logik, die Deduktion. Letzte Sicherheit kann man also aus der reinen Beobachtung eines sich wiederholenden Ereignisses oder aus Erhebungen nicht gewinnen. Daraus auf eine Regularität oder ein Naturgesetz zu schließen, ist gewagt, wenn man nicht auch andere Hinweise hat, seien sie theoretischer oder empirischer Art, wie z. B. die Keplerschen oder Newtonschen Gesetze.

Wenn man etwas in der Natur beobachtet, sei dies der Verlauf der Gestirne oder chemische Eigenschaften eines Biotops, oder in der Technik die Verbrennungstemperatur in einem Motor, dann hat man eine Messapparatur, die aufgrund eines Modells über den zu messenden Prozess aufgebaut ist. Die Größe, die man misst (Position, Konzentration etc.), kann man nur dann in Zahlen ausdrücken, wenn man einen quantitativen Begriff dafür mit Skala, Nullpunkt und Eichvorschrift zur Verfügung hat. Aus aufgezeichneten Signalen bekommt man in den Naturwissenschaften und in der Technik also nur Daten, wenn man schon ein Modell und daraus abgeleitet, eine Messvorschrift hat. Das Modell wiederum hängt von der Vortheorie, die man zur Verfügung hat, ab.

Etwas anders gelagert liegt die Sache bei der Erhebung von Daten bei den sogenannten institutionellen Tatsachen, z. B. in Wirtschaft und Gesellschaft. Börsenkurse und Quartalszahlen stellen schon Daten dar, aber sie beziehen sich nicht auf einen Prozess in der natürlichen Welt, sprich physikalischer, chemischer, biologischer oder meteorologischer Art, sondern auf Geschehnisse und Zustände im zwischenmenschlichen Verkehr, die aufgrund von Übereinkünften zwischen Menschen möglich sind. Wenn man solche institutionellen Tatsachen untersucht, steckt in den Fragen und ihrer Anordnung bei den Fragebögen oder Interviewleitfäden bereits die Hypothese, die damit geprüft werden soll, d. h. diese sind ebenfalls modellbasiert. Allerdings haben wir für institutionelle Tatsachen weitaus weniger gute Modelle als für die natürlichen Tatsachen.

Messungen von Internetaktivitäten, von Einkaufsverhalten, Nutzung von Kommunikationsdiensten, Reiseaktivitäten etc. liefern Daten, die ebenfalls modellbasiert sind, in Form von Protokollen, ähnlich den Fieberkurven in Abbildung 19.[41] Daten in der Naturwissenschaft, Technik und Gesellschaft liefern demjenigen, der über sie verfügt und sie verarbeiten kann, nur dann Informationen, wenn sie aufgrund der Modelle, aufgrund deren sie erhoben wurden, arrangiert werden. Man kann sich das am Beispiel eines Würfels klar machen:

So besagt die Zahlenreihe

1,5,2,3,3,4,5,6,2,4,1,6,2,5,3,2,1,6,3,5,2,4

allein noch gar nichts; wenn man jedoch das Modell des erzeugenden Prozesses kennt oder aus der Begrenzung zwischen 1 und 6 das Werfen eines Würfels vermutet, kann man mithilfe der Statistik herausbekommen, ob es sich um einen vielleicht gefälschten oder einfach nur schlechten Würfel handelt (3 × 1; 5 × 2, 4 × 3; 3 × 4 ; 4 × 5; 3 × 6), S = 22, leichter Bias bei 2?). Freilich müsste man, um die Statistiker unter den Lesern zu beruhigen, weitaus mehr Ereignisse messen. Wir halten das Beispiel bewusst einfach. Dabei hilft die Visualisierung von Daten, die allerdings sinnesphysiologische Grenzen hat und heute noch vielfach methodischer Willkür unterliegt. Ein einfaches Beispiel wäre die Abbildung 20, die bereits zeigt, dass der Bias bei der Zahl 5 gar nicht so dramatisch ist, wie er bei der Auszählung in der Zahlendarstellung erscheint.

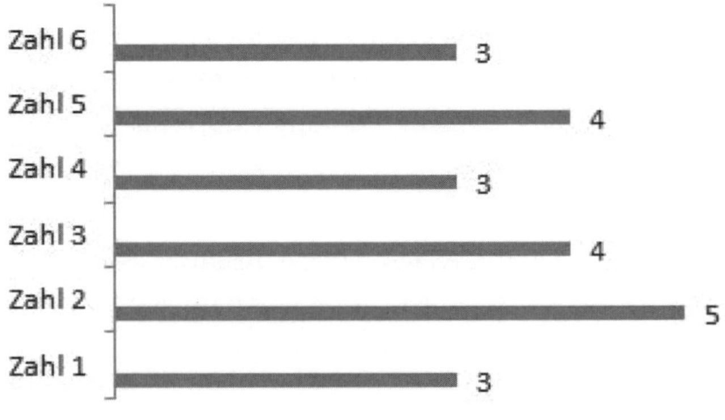

Abb. 20: Häufigkeit geworfener Augen eines Würfels

Die Zeile „(3 × 1; 5 × 2, 4 × 3; 3 × 4 ; 4 × 5; 3 × 6), S = 22)“ und Abbildung 20 sind äquivalent und enthalten die Information, die erst aus der Zeile „1,5,2,3,3,4,5,6,2,4,1,6,2,5,3,2,1,6,3,5,2,4“ durch Anordnung entstanden sind. Diese Anordnung beruht aber bereits wiederum auf der Modellvorstellung, sich die Häufigkeit des Vorkommens von einzelnen Zahlen vorzunehmen und nicht z. B. die Reihe auf eine Periodik zu überprüfen oder das Vorkommen bestimmter Kombinationen herauszufinden.

Der nächste Schritt, die Information zu verstehen, setzt wiederum Vorwissen und ein weiteres Modell voraus: Wenn wir wissen wollen, ob der Würfel gefälscht ist, brauchen wir ein Modell, das uns sagt, welche Abweichungen von einer Gleichverteilung bei wie vielen Würfelversuchen uns eine Wahrscheinlichkeit dafür angibt, dass der Würfel schlecht gebaut oder gefälscht ist. Erst mit diesem Modell gibt uns das Diagramm oder die Zeichenreihe die Information, ob der Würfel gefälscht sein könnte oder nicht, und erst dann, wenn wir diese Information verstanden haben, wissen wir, mit welcher Wahrscheinlichkeit der Würfel gefälscht oder schlecht gefertigt sein könnte.

Allerdings ergibt sich aus dem Modell durch die Größenordnung des erwarteten Effekts bereits eine Forderung nach der Größe der Stichprobe, wenn man die tolerierbaren Irrtumswahrscheinlichkeiten festlegt. Ab welcher Stichprobe der Test überhaupt Sinn macht, muss also schon vorher überlegt werden. Welche Irrtumswahrscheinlichkeiten tolerierbar sind, ist wiederum theorieabhängig. Wollte man z. B. bei der Ebola-Epidemie alle Kranken entdecken und hätte man dazu einen Test, der die Infizierung mit einer gewissen Wahrscheinlichkeit nachweist (Sensitivität des Tests), dann würde man zunächst eine hohe Sensitivität des Tests ansetzen, mit dem möglichen Risiko, manch einen fälschlicherweise zunächst als infiziert zu betrachten (Fehler 1. Art). Eine hohe Sensitivität eines Tests muss z. B. dann angestrebt werden, wenn eine Erkrankung mit großer Sicherheit bestätigt werden soll, bevor man gegebenenfalls einen nicht-reversiblen Eingriff unternimmt (Fehler 1. Art). Hier sollte das Risiko, dass doch noch eine andere Diagnose infrage kommen könnte, minimiert werden. Es verbleibt eine Irrtumswahrscheinlichkeit, dass man sich anhand des Tests für bereits getroffene Diagnose, die hier die Nullhypothese wäre, entscheidet, diese in Wahrheit jedoch nicht zutreffend ist (Fehler 2. Art). Diese Irrtumswahrscheinlichkeit muss in diesem Fall minimiert werden.

Der Weg von den Daten zum Wissen ist also komplex, er braucht das Verstehen des gewählten Modells und der Strategie, welche Fehler am ehesten vermieden werden sollen, und das wiederum braucht Zeit. Das wird gerne vergessen. Da sich das weltweite Datenvolumen zur Zeit alle zwei Jahre verdoppelt, wächst auch die notwendige Zeit, aus diesen Daten modellbasiert Informationen verfügbar zu machen, die dann Wissen zu erzeugen in der Lage sind. Zwar werden die Rechner ebenfalls exponentiell immer schneller, aber sie können die Notwendigkeit, dass wir als Menschen etwas selbst verstanden haben müssen, nicht aufheben. Sie sind zur Aufbereitung von Daten zu Informationen in unglaublicher Menge und Geschwindigkeit in der Lage. Trotzdem – die Zeit, die der Mensch zum „Lesen" und Verstehen von Informationen braucht, wird damit nicht verkürzt.

Gerade die Diskussion um die technische Möglichkeiten von Big-Data sollte nicht den Blick darauf versperren: Selbst, wenn wir eine elegante technische Möglichkeit gefunden haben, die Nadel im Heuhaufen zu finden, müssen wir schon eine modellhafte Vorstellung von der Stecknadel haben. Mit geeigneten Filtern und Neukombinationen lassen sich immer Strukturen in Daten finden, an die man vorher nicht gedacht hat. Die Frage ist nur, was diese Strukturen und Muster uns sagen, oder was wir nur glauben, was sie uns sagen sollten. Ohne Theorie kann man in Muster alles und nichts hineininterpretieren.

Die „mathematische Theorie der Kommunikation", wie C. Shannon seine mittlerweile „Informationstheorie" geheißene Abhandlung zusammen mit W. Weaver überschrieb,[42] zeigt das Dilemma: Aus der statistischen Analyse einer Zeitreihe, also eines veränderlichen Signals, können wir Kriterien dafür ableiten, dass das Signal mehr als zufällig schwankt, also dass im Rauschen des Signals Information enthalten sein könnte. Man kann sogar die Menge an Information (in

Bits) angeben. Man vergisst aber immer wieder gerne, dass man daraus noch nicht schließen kann, was uns die Information sagen könnte, d. h. was die Bedeutung einer verstehbaren Mitteilung ist. Wir haben noch keine Zeichen, sondern nur ein Anzeichen dafür, dass sich in einem Signal (meist eine Zeitreihe aus veränderlichen Zuständen) eine Information befinden könnte. Wir können aus der Abweichung von der rein zufälligen Verteilung von Signalzuständen nur darauf schließen, dass dieses Signal durch einen Prozess zustande gekommen ist, der selbst gewisse Regularitäten aufweisen muss, z. B. gewisse Periodiken. Ob darin Information *für uns* steckt, kann man mit der Shannonschen Informationstheorie, also der rein mathematischen Behandlung, nicht entscheiden, geschweige denn, dass darin eine absichtlich verfasste Botschaft stecken könnte.

Man kann also in riesigen Datensätzen bei geeigneter Kombination und mit raffinierten Algorithmen durchaus Muster finden, bei denen man vermuten kann, dass sie durch Prozesse entstanden sind, die den Nutzer von Big Data interessieren könnten – aber die Kriterien sind wiederum modellbasiert, d. h. sie beruhen bereits auf Vor-Annahmen. Und diese wiederum beruhen auf Interessen – die NSA wird die von ihr zusammengetragenen verfügbaren Datenmengen dieser Welt nach anderen Modellen und Gesichtspunkten „auswerten“ als Google, Amazon, Facebook etc. Die entsprechenden Algorithmen repräsentieren diese Gesichtspunkte und Interessen, d. h. sie liefern kein objektives Bild der Welt, sondern plaudern nur das verdichtet aus, was die Daten unter bestimmten Aspekten, unter denen sie erzeugt wurden, graduell bestätigen oder negieren. Mehr ist – im Wortsinn – nicht drin …

Nanowelten

Technik ist für die Naturwissenschaften heute ebenso unentbehrlich wie die naturwissenschaftlichen Erkenntnisse für die Fortentwicklung der Technik unentbehrlich geworden sind. Vor allem haben dreidimensionale grafische Darstellungen von technischen, aber auch mathematisch physikalischen Funktionen dem scheinbar Unanschaulichen, gerade im Bereich der Quantenphysik und der Nanowelt, zu einem besseren Verständnis geführt. Trotzdem ist die Versuchung groß, das Visualisat (das Bild als Ergebnis der Visualisierung) für das Visualisierte zu halten, und die Bedingungen des Visualisierens nicht mit zu bedenken, also das Bild für den Gegenstand, den es zeigt, zu halten und zu vergessen, wie das Bild entstanden ist, also welches Modell und welche Visualisierungstechnik es voraussetzt.

Die Orbitale der Elektronen in unseren Lehrbüchern der Chemie und Physik erscheinen als wattebauschähnliche Keulen – das suggeriert, dass da eine Art Substanz unscharf verteilt wäre. Was gezeigt wird, sind jedoch quasi gefärbte Wahrscheinlichkeitsverteilungen des Aufenthaltsorts des Elektrons. Mit dem anschaulichen Bild des Wattebauschs wird aber dann weiter argumentiert, denn die abstrakte mehrdimensionale Zustandsraumdarstellung ist ja nicht anschaulich zu visualisieren. So zeigen die Bilder der Atome, die bei einem Nanostring schön aufgereiht erscheinen, nur scheinbar die Atome als Gegenstände. Man weist zwar in den Bildunterschriften darauf hin, aber die Macht der Bilder ist eben psychologisch stärker als das Durchhaltevermögen im Bereich der Abstraktion und des Formalismus. Und so werden Bilder gerade in der Nanotechnologie, aber auch sonst im Bereich der Technik, zu entscheidungsrelevanten Faktoren – den meist entscheiden ja nicht die Fachleute, sondern, gut versorgt mit Gutachten und anschaulichen Bildern, die Vertreter der Institutionen wie die Projektträger, die Ministerien, die Gremien.

Falsche Bilder, reale Effekte

Modellieren ist und bleibt eine Kunst, und man hat heute mit Computergrafik, Simulation und rechnerunterstützter Modellbildung ein reichhaltiges Instrumentarium zur Hand, sichtbar zu machen, was man früher nie erschauen konnte. Die 3D-Computertomographie erlaubt die Darstellung von Organen aufgrund der bildgebenden Verfahren, sodass man sich z. B. einen Oberarmknochen von allen Seiten ansehen kann. Auf die Frage, ob man da einen Knochenschaden sieht oder nicht, sagt der Radiologe, der die Bilder ansieht „nein", und der Chirurg, der aufgrund des Bildes entscheiden muss, was, wo und wie er operieren wird, meint „ja". Was ist nun die Wirklichkeit? Wir dürfen nicht vergessen – wir haben Bilder vor uns. Das Sehen der Bilder erzeugt auch Gewohnheiten des Sehens, und der Chirurg meint abschätzig, die Radiologen würden eben nie einen Knochen offen bei einer wirklichen Operation sehen – deshalb könnten sie die Bilder gar nicht beurteilen. Also seien sie, die Chirurgen, der Wirklichkeit „näher". Aber sind sie das wirklich?

Für die Modellierung, die jeder Bildgebung vorausgeht, brauchen wir eine gegenstandbezogene Theorie der zu zeigenden Objekte und die Entscheidung, mit welchen mathematischen, sprich hier geometrischen Objekten wir sie darstellen wollen. Der griechische Astronom Claudius Ptolemäus (100–160 n. Chr.) verwandte die Kombination von Kreisen, um die beobachteten Planetenbahnen zu „modellieren". Der Grund hierfür war, dass man in der Antike den Kreis als Bild einer vollkommenen Bewegung ansah und am Himmel konnte es nach dieser Überzeugung nur vollkommene Bewegungen geben. Durch die Überlagerung (Superposition) von Kreisbewegungen, den Epizykeln, konnten die Astronomen nach ihm die Schleifenbahnen und die Positionen der damals bekannten Planeten am Himmelsgewölbe recht gut vorhersagen. Denn jede Vorhersage basiert letztlich auf einer Simulation des vorherzusagenden Prozessverlaufs, auch wenn die „von Hand" gerechnet wird. Kepler nahm aus guten physikalischen Gründen Ellipsen an und da man damals noch keine Störungsrechnung durchführen konnte, waren seine Vorhersagen ungenauer als die mit der Epizyklentheorie. Physikalisch gesehen lag Kepler näher an der mechanischen Erklärung, weil seine Ellipsen sich mit der Newtonschen Mechanik glänzend vertrugen – erst die Mathematik des 19. Jahrhunderts zeigte, zumindest von der mathematischen Seite, die Äquivalenz der beiden Modellansätze: Die Keplerbahnen sind die Fouriertransformierten der Epizykeln und umgekehrt.[43] Man kam also mit beiden Modellansätzen auf – damals – richtige Ergebnisse. Was bedeutet das? Man kann vermuten, dass sich auf lange Sicht das „einfachere" Modell durchsetzt.

Wir benutzen heute Computergrafiken, Visualisierungstechniken, Entwicklungsumgebungen für Modellbildung und Simulation problemorientiert, nicht mehr methodenorientiert. Uns interessiert im Entwicklungsalltag nicht die Mathematik, sondern die Konstruktion, nicht Pinsel und Leinwand, sondern das, was dargestellt werden soll. Das ist verständlich und unter dem üblichen Zeitdruck auch vernünftig. Wir dürfen aber nicht vergessen, dass wir es mit Bildern zu tun haben, die zum Teil eine hohe Anschaulichkeit suggerieren. Das gilt umso mehr für Computer-Animationen, also der dynamisierten Darstellung von Prozessen als zeitliche Veränderungen. Sie unterliegen in gewisser Weise derselben Dramaturgie wie Zeichentrickfilme – der „Regisseur" der Animation bestimmt die Story und damit, was gezeigt wird, und was nicht. Beim Kino gilt der Satz, dass das, was sich ein Millimeter neben dem Sucher der Kamera abspielt, den Zuschauer nichts angehe. Der Modellbauer sowie der Regisseur des Simulationslaufs und der Anwender der Visualisierungssoftware bestimmen den Kameraausschnitt. Dem Kino- oder Fernsehzuschauer mag dies gleichgültig sein – dem Betrachter, Interpreten und Anwender eines Simulationsergebnisses muss dies in jedem Augenblick klar sein.

Virtualität

Vor dem Hintergrund des eben Gesagten wird man auch dem derzeitigen Lobgesang über die Virtualität und den *augmented realities* (wörtlich: erweiterte Wirklichkeiten) einige kritische Töne beimischen wollen. Was Platon auf seiner Datenbrille auf dem Titelbild wohl sieht? Die Realität werde dadurch erweitert, sagt man – es wird einfach *reality* mit Realität übersetzt. Seien wir an der Stelle wieder etwas begriffskritisch – und sogleich sieht man, wie werbetechnisch mit Taschenspielertricks umgegangen wird.

Eine kleine Einübung in das Erkennen falscher Fuffziger in der Sprache: Der Begriff *Artificial Intelligence* ist allgemein geläufig. Er wurde in der berühmten Konferenz am Dartmouth College 1956 geprägt – und bezog sich auf Software, die fähig sein sollte, von der Mustererkennung in Bild und Sprache Schlüsse zu ziehen – logikbasiert, versteht sich. *Intelligence* ist ein Begriff aus dem Amerikanischen und wird benutzt wie im Wort *Central Intelligence Service* (CIA) – also ein Dienst, der Nachrichten sammelt und auswertet. Manche Recherche-Abteilungen bei amerikanischen Zeitungen heißen heute noch *Intelligence Department*. Das bedeutet nicht, dass die Kolleginnen und Kollegen in dieser Abteilung intelligenter wären als die anderen, sondern nur, dass hier Nachrichten (Informationen) gesammelt, analysiert, ausgewertet und neu zusammengestellt werden. Denn im Deutschen hat der Begriff *Intelligenz* eine ganz andere Bedeutung; damit ist die menschliche Fähigkeit gemeint, aus Wissen weiteres originelles Wissen, also neues Wissen zu erzeugen. In dieser Lesart ist Intelligenz ein psychologischer Begriff – wenngleich die Definition von Intelligenz in der Psychologie je nach Schulen erheblich variiert.

Die Doppeldeutigkeit in der Begriffsbildung „Künstliche Intelligenz" ist sowohl im Deutschen wie im Englischen bewusst ausgenutzt worden, um beim Publikum und den Institutionen der Forschungsförderung den Eindruck zu erzeugen, man wolle auf diese Weise die kognitiven Fähigkeiten des Menschen zumindest simulieren, wenn nicht selbst erzeugen oder sogar verbessern. Die leitende Vorstellung hierzu war, dass auch menschliche Denk- und Erkenntnisvorgänge nichts anderes seien als Algorithmen, die man eben noch nicht genügend verstanden hätte.

Lassen wir die ganze Diskussion beiseite, die dieses Paradigma nach sich gezogen hat – bis hin zur Frage, ob geistige Prozesse rein materiell seien oder ob es einen freien Willen gebe – und kehren zur Ausgangsfrage des Kapitels zurück – was ist der Unterschied zwischen Realität und Wirklichkeit und wie ist nun „reality" gemeint.

Es stimmt schon – wenn man eine erfolgreiche Konstruktion, ein konkretes Gerät vor sich hat, kann man sich die eine oder andere sprachliche Schlamperei erlauben. Wenn man sich den Vortrag eines Ingenieurs oder Naturwissenschaftlers nur auf einem Mitschnitt anhört, ohne den Tafelanschrieb oder die PowerPoint-Darstellungen zu sehen, dann versteht man meist kein Wort. Denn die Präzision liegt nicht im gesprochenen Wort, sondern in der Formel oder in der Zeichnung. Für geisteswissenschaftliche Vorträge sind Folien oder Power-Points in der Regel überflüssig, denn hier liegt – oder sollte liegen – die Präzision im sprachlichen Ausdruck.

Aber hier liegt die Sache anders – denn diese Begriffsverwirrung beim Wort *Intelligence* führt zu einem Denkfehler, der nach Meinung vieler Fachleute zum Markenzeichen der Fehlausrichtung einer ganzen Technologielinie geworden ist.

Die meisten Naturwissenschaftler und Ingenieure sind davon überzeugt, dass es eine außerhalb unseres Bewusstseins existierende Welt gibt, mit Objekten, die man beobachten kann und veränderbaren Gegebenheiten, die man durch Handlungen mehr oder weniger beeinflussen kann. Dass die Beobachtung das zu Beobachtende verändern kann, wird akzeptiert, denn das ist in der Quantenmechanik, also im Bereich der Moleküle und Atome aus physikalischen Gründen so, und in der Psychologie kennt man auch den Beobachtereffekt – man verhält sich anders, wenn man sich beobachtet glaubt.

Die außerhalb unseres Bewusstseins, von uns unabhängig angenommene Welt wollen wir hier Wirklichkeit nennen, manche nennen sie auch objektive Wirklichkeit. Das lateinische Wort „*realitas*“ hat sowohl diese Bedeutung wie noch eine andere, die in der Philosophiegeschichte heftige Kontroversen ausgelöst hat. So bezieht der moderne radikale Konstruktivismus die evolutionsbiologisch inspirierte Position, wonach die entscheidende Aufgabe der Wahrnehmung nicht die Erkenntnis einer „objektiven Wirklichkeit“, sondern „die überlebensförderliche Verhaltenssteuerung“ sei. Man muss also nicht erkennen, was wirklich ist, sondern was man tun kann. Die Welt wirkt auf unsere Handlungen zurück, dies ist Realität, aber nur, insofern wir sie im Rahmen unserer Zwecke erfassen können.

Wir können es auch anders ausdrücken: Ob es die Welt als objektive Wirklichkeit gibt, lässt sich mit unseren begrenzten Erkenntnissen und Sinnen nicht beweisen, aber ihre Existenz zu behaupten, ist eine vernünftige Annahme, die wie voraussetzen müssen, um überhaupt über die Welt reden und sie verstehen zu können. Allerdings mahnt uns der Konstruktivismus zur Vorsicht: Was wir beobachten können, wird in unserem Gehirn „errechnet" aufgrund von Sinnesdaten und schon vorhandenen Vorstellungen. Die Rechtfertigung und Bewertung des Modells, mit dem das Gehirn aus den Sinnesdaten seine Weltwahrnehmung errechnet, ergibt sich demnach letztlich aus dem Anwendungserfolg, d. h. also nicht aus einer theoretischen oder „objektiven" Wahrheit der verwendeten Gesetze, sondern aus der Brauchbarkeit des Modells hinsichtlich des Modelzwecks, letztlich an der Effektivität der technischen Regeln, die daraus gewonnen werden können. Das bedeutet, dass das Modell nichts über die Welt selbst aussagt, sondern nur über den Erfolg in einer Welt, die als unabhängig von uns existierend angenommen wird.

Ein drastisches Gedankenexperiment soll uns zum Problem der Virtualität zurückführen. Angenommen, wir könnten ein Gehirn von seinem Körper isolieren und es in einer Nährlösung schwimmen lassen und alle Sinnesdaten würden wir durch einen Computer simulieren, der auch auf die Aktionsbefehle des Gehirns entsprechend wie eine „richtige", also physikalisch konzipierte Welt reagiert. Könnte das Gehirn dann unterscheiden, ob es in einer wirklichen Welt lebt oder ob es sich nur in einer „Welt am Draht" befindet?[44]

Das Gehirn in der Mitte von Abbildung 21 sei in einer Nährlösung eingebettet, die alle physiologischen Versorgungen abdecken soll. Statt des visuellen Eindrucks bekommt das Gehirn ein von einer Kamera aufgenommenes Bild, das im Rechner entsprechend zu den in den Sehnerven „übliche" Signaldarstellung konvertiert wird. Das Gehirn erzeugt daraus eine Vorstellung des Gegenstandes. Nehmen wir an, dass das Gehirn die Willensvorstellung entwickelt, den Würfel zu drehen. Es sendet dann an die Aktoren, die aber nicht vorhanden sind, ein entsprechendes Signal, das dann vom Rechner und einer mechanischen Aktorik in eine Drehbewegung des Gegenstandes umgesetzt wird; diese erfolgreiche Drehung wird vom Gehirn wieder mittels der Kamera „wahrgenommen". Insofern unterscheidet sich dieses Arrangement nicht vom sensomotorischen Arrangement durch Augen und Hände. Der nächste Schritt ist nun, das sensorische Signal nicht durch die Kamera, sondern durch ein mathematisches Modell des Würfels, entsprechend angenommener perfekter Möglichkeiten der Computergrafik, herzustellen. Das Gehirn reagiert wieder entsprechend, nur dass nun das aktorische Signal des Gehirns nicht einen Aktor ansteuert, sondern das mathematische Modell der Computergrafik verändert und so z. B. eine Rotation im Darstellungsraum erzeugt. Dies wird vom Gehirn wieder aufgrund der simulierten Daten entsprechend „wahrgenommen". Die Testfrage bei diesem Gedankenexperiment ist zweifach: Kann das Gehirn von sich aus unterscheiden, ob seine Wahrnehmung durch sein Auge oder durch die Kamerasignale zustande gekommen ist, das entsprechend seiner Sinnesphysiologie aufbereitet wurde. Hier würde die Kamera die Rolle einer Prothese spielen. Die zweite Frage ist nochmals doppelt und lautet: Kann das Gehirn aufgrund der Signale, mit denen der Rechner den Würfel für das Gehirn simuliert, von den körperlichen Signalen (Auge oder Prothese Kamera) unterscheiden? Aufgrund der Reaktion des Gehirns auf die perfekte bildliche Darstellung im Rechner, errechnet der Computer die gewollte Drehung des Würfels. Kann das Gehirn erkennen, dass nur die bildliche Darstellung und nicht ein realer Gegenstand rotiert?

Die Position des radikalen Konstruktivismus würde die Möglichkeit einer perfekten Prothetik bejahen, auf die anderen Fragen mit *Nein* antworten. Eine Gegenposition ist, dass das Gehirn ohne Leiblichkeit und Selbstwahrnehmung seines Körpers, zu dem Sensorik und Aktorik gehören, gar nicht existieren, geschweige denn arbeiten könnte – Wahrnehmung setzt hier immer Selbstwahrnehmung voraus, denn sonst könnte das Gehirn nicht den Unterschied zwischen sich und der Umwelt „denken". Diese Position würde das Experiment selbst schon für unmöglich halten, wenn das isolierte Gehirn kein Gehirn mehr wäre.

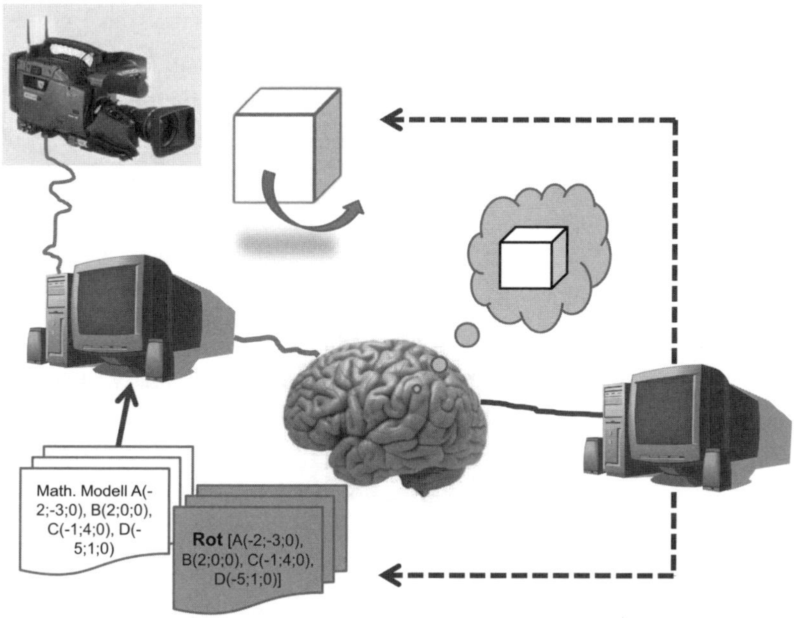

Abb. 21: Gedankenexperiment zum Realismus. Erläuterungen siehe Text

Um weiter voranzukommen, sei ein kleiner Umweg in die Philosophiegeschichte erlaubt.

Das Problem der mittelalterlichen Philosophie lag in der Kontroverse zwischen zwei Positionen, dem Nominalismus und dem Realismus. Der Nominalismus dachte, dass wir den Objekten eben einen Namen geben, die Dinge benennen und damit habe es sich dann auch schon. Der Name, den wir den Dingen geben, sagt nichts über das Wesen der Dinge aus. Die Begriffe, die wir bilden, sind eben zweckmäßig oder nicht. Der Realismus hingegen meinte, dass all das, was wir begrifflichen zu denken vermögen, auch existieren müsse, denn sonst könnten wir es nicht denken. Wenn wir also einem Ding einen Namen geben, dann muss dieser Name etwas über das Wesen des Dings aussagen, weil die Möglichkeit des Denkens ein Zeichen dafür ist, dass das Gedachte auch in der Wirklichkeit vorzufinden sein muss. Umgekehrt müsse sich dann auch für alles, was es gibt, einen Namen ergeben. Dieser Glaube an das Zusammenfallen von Denken und Existenz, d. h. dass das Gedachte existieren muss und das Existierende immer gedacht werden kann, hatte so manchem theologischen Abweichler das Leben gekostet. Wurde der Nominalismus doch verfolgt, weil die Position des Realismus einen einfachen Gottesbeweis lieferte: Wenn man über Gott sprechen und über ihn nachdenken kann, wenn er also einen Namen hat, dann muss er auch existieren. Wer also diesen Zusammenhang leugnete, leugnete zumindest diese Möglichkeit eines Gottesbeweises.

Wir finden auch heute noch abgewandelte Positionen dieses Realismus. Eine davon ist die Auffassung von Karl Marx – die er übrigens mehr oder weniger von G. W. Hegel übernommen hat –, dass die menschliche Geschichte, bei ihm sichtbar als ein Ablauf von Klassenkämpfen, objektiven Gesetzen folge, die denselben Status wie Naturgesetze hätten. Man findet Positionen des Realismus auch in der zeitgenössischen Soziologie; hier glauben viele Kolleginnen und Kollegen, dass es Systeme als solche „gibt" und damit auch „objektive" Systemgesetzlichkeiten in der Gesellschaft, die man durch Beobachtung und Theorie herausbekommen könne. Schaltungen, Konstruktionen, Objekte, Dinge, Prozesse in der Natur werden als von Naturgesetzen regierte Systeme aufgefasst – Technik ist ja nur Herrschaft in der Natur, nicht über die Natur. Gesellschaften, Institutionen, Organisationen usw. werden in dieser Sichtweise ebenfalls als Systeme aufgefasst, die jedoch durch soziologische Gesetzmäßigkeiten bestimmt werden, die man aber glaubt, analog zu den naturgesetzlichen Systemen modellieren zu können. Das Problem bei dieser Position ist, dass man Existenzbehauptungen über Systeme macht, sie also zur objektiven Wirklichkeit zählt. Dies sind Existenzbehauptungen, die man nicht beweisen kann, sondern die lediglich eine Voraussetzung für das nachfolgende Forschungsprogramm darstellen könnten.

Ein Ausweg aus dem Problem, was nun Wirklichkeit ist, wäre eine Position, die ich Deskriptionismus nenne: Systeme sind keine Dinge oder Gegenstände, sondern Beschreibungen von herausgegriffenen Gegenstandbereichen, für die wir ein Modell haben. Es gibt keine geheimnisvollen Systemgesetze, es gibt nur formale Gesetze der Systembeschreibung wie Logik, Mathematik, Grammatik, Geometrie etc. Wenn man Modelle in Analogie zu Modellen in der Biologie, Physik oder der Regelungstheorie (Kybernetik) macht, muss man sich der Analogie, ihrer begrenzten Anwendbarkeit und ihres Vergleichscharakters bewusst sein.

Jeder Versuch, ein Phänomen oder Gegenstandbereich zum Zwecke der Steuerung, Erklärung, Vorhersage, Simulation oder technischer Herstellung zu modellieren, zieht eine Grenze zwischen dem, was zum System dazugehören soll und was nicht. Wir können es auch so ausdrücken: Wir konstituieren damit eine Oberfläche. Dies drückt auch ein Interesse aus, eben diesen Gegenstandbereich und keinen anderen für einen bestimmten Zweck (Interesse) zu modellieren. Das bedeutet: Jedes System als Systembeschreibung hat einen Autor, der Interesse an dieser Systembeschreibung hat, weil er sie zu einem bestimmten Zweck erstellt, wie erklären, simulieren, vorhersagen, steuern, automatisieren, beobachten etc. Herausgegriffene Gegenstandbereiche, die wir *als* Systeme beschreiben, scheinen sich wie separate Dinge zu verhalten, gewissermaßen wie Objekte mit Oberflächen. Wir reden darüber so, wie wenn sie existierende Systeme wären, die zur Welt gehören. Dabei ist zu beachten, dass unsere Wahl der Beschreibung (Modelltyp etc.) die Bedingungen erzeugt, unter der eine Systembeschreibung bezüglich unseres Gegenstandsinteresses adäquat ist. Eine objektive Wirklichkeit, d. h. unabhängig von uns existierende Umstände, kann man zwar als Hypothese annehmen, ohne Beobachtung und Beschreibung kann man aber nichts über sie wissen. Die Beobachtung setzt Grundbegriffe voraus, die ihren Ursprung in der vorläufigen Beschreibung (Vortheorie) haben. Simulation, Systemtheorie und virtuelle Welten sagen deshalb nichts über die Welt aus, sie plaudern nur aus, was wir ihnen vorgeben. Deshalb sind die virtuellen Welten auch keine eigenen Welten, sondern gemachte Welten, die wir zwar, wenn sie perfekt wären, wahrscheinlich nicht mehr von dem, was wir für Wirklichkeit halten, unterscheiden könnten. Aber sie sind nicht perfekt. Und das ist gut so …

Augmented Reality bedeutet dann: Wir erweitern (augmentieren) also unsere „Realität“, d. h. unsere Wahrnehmung von Welt, die nicht identisch ist mit der Wirklichkeit als einem hypothetischen Konstrukt. Technisch machbar ist schon vieles, sei es durch Datenbrillen, durch eingespielte Bilder, durch simulierte oder aus sensorischen Daten errechnete externe Signale, die direkt auf das Gehirn wirken. Diese Signale können dann für uns zu Information werden, die uns scheinbar etwas über die Außenwelt mitteilt. Dann müssen wir uns bewusst sein, dass diese Erweiterung einen Autor hat, der wiederum nach seinen Interessen handelt. Ob wir das wollen, müssen wir selbst entscheiden.

9. Zufall und Komplexität

Was einem so widerfährt

„Was ist ein Unkraut?“

„Eine Pflanze, deren Nützlichkeit man noch nicht erkannt hat.“

„Was ist Dreck?“

„Unnütze Materie am falschen Ort.“

„Was ist eine Störung?“

„Ein raumzeitlicher Prozess, der in den gewollten Prozess nicht passt und dessen Nützlichkeit aufgrund von Interessen an diesem Prozess eindeutig verneint werden kann.“

„D. h., wenn's nicht funktioniert?“

„Genau!“

„Was ist ein Fehler?“

„Wenn etwas fehlt.“

„Was fehlt?“

„Das Richtige.“

Wir sagen: Eine Störung kann gewollt verursacht worden sein – wehe dem Urheber! Eine Störung kann erklärt werden. Wer den kausalen Zusammenhang kennt, kann versuchen, die Ursache der Störung zu beseitigen. Wehe der Ursache! Eine Störung kann zufällig sein. Weder Urheber noch Ursache sind bekannt. Wehe dem Zufall?

Urheber und Ursache – die Silbe „Ur“ meint Anfang: Die Ursache ist die Sache, die anfänglich steht, die zeitlich vorgängig ist, die den Prozess ausgelöst, verursacht hat, die schuld und schuldig daran ist, dass …

Wir hadern damit – zufällige Ereignisse können verschieden ausfallen, sie sind kontingent, d. h. sie können sich mal so, mal so ergeben, aber sie müssen nicht notwendigerweise so ausfallen, wie sie es tun. Zufällige Ereignisse tauchen oft auf, es scheint keine Welt ohne Zufälle zu geben.

Es gibt immer wieder Ereignisse, mit denen wir nicht gerechnet haben – all das, was wir nicht wollen, was uns stört, was wir nicht verhindern können, was gegen unsere wohlverstandenen Interessen läuft, nennen wir Widerfahrnis – es fährt gegen uns an, es kommt auf uns zu. Gibt es Ursachen hierfür, dass dies gerade uns widerfährt? Dass gerade ich dieses Glück oder Pech habe?

Offenbar haben wir Menschen eine Reihe von Strategien und Verhaltensweisen entwickelt, mit dem zu Recht zu kommen, was nicht von uns abhängt, was wir nicht beeinflussen können, was wir kausal nicht erklären können. All das, weil wir dafür keine Gründe finden oder finden können und das wir doch in einem Sinnzusammenhang zu interpretieren versuchen. Diese Versuche sind sehr hartnäckig, wie dies die Neigung zum kleinen Aberglauben im Alltag immer wieder zeigt.

Das Spektrum der Kontingenzbewältigung ist groß: Von Glaubenssystemen mancherlei Art bis hin zum zynischen *so what*, von der Forschung des Erforschlichen bis hin das Unerforschliche ruhig zu verehren, wie Goethe es schon riet.[45] Mit zu diesem Spektrum gehört ein von manchen Zeitgenossen geteilter unerschütterlicher Glaube, dass es keinen Zufall gäbe, sondern letztlich alles Geschehen mehr oder weniger durch das vorige Geschehen determiniert sei.[46] Wenn man so denkt, dann müssten auch alle menschlichen Handlungen durch das vorherige Geschehen bestimmt sein, und daher müsste man konsequenterweise auch den freien Willen leugnen.

So geraten wir unversehens in eine Fragestellung aus dem philosophischen Fachgebiet der Ontologie hinein, die sich flugs auch auf die Grundlagen der Naturwissenschaften, unser Weltverständnis und letztlich auch auf ethische Fragestellungen überhaupt ausdehnt. Höchste Zeit also, die Serviceleistung der Philosophie in Anspruch zu nehmen, die sich seit ihrem Bestehen mit dem auseinandergesetzt hat, was wir flapsig, und in vielfacher Weise verwirrend, Zufall nennen.

Kleiner Exkurs: Ontologie

In der Philosophie ist die Ontologie die Lehre vom Seienden und vom Sein, also von dem, was ist (existiert) und auf welche Weise es ist oder möglicherweise sein könnte. Begriffe wie notwendig und möglich kommen vor und dies ist auch eine Brücke zur Logik.

In der Informatik hat sich die Bezeichnung „Ontologie" für die Beschreibung von Objekten, Eigenschaften und ihren Beziehungen untereinander eingebürgert, die zu einem bestehenden Problem- oder Gegenstandsbereich eines Modells gehören, das bei der Programmierung verwendet wird. So hat eine Datenbank eine definierte Ontologie.

In der Philosophie war der Begriff der Ontologie mit dem der Wirklichkeit verbunden. Eine mittelalterliche Vorstellung war, dass man die Wirklichkeit nie ganz erfassen könne, aber man nahm an, dass sie nach bestimmten Gesetzen strukturiert sei, die nicht von der Weise unserer Erkenntnis abhängen. Immanuel Kant drehte den Spieß herum und postulierte, dass sich nicht die Erkenntnis nach den Gegenständen, sondern die Gegenstände nach der Erkenntnis richten sollten. Dieser oft missverstandene Satz meinte nicht, dass wir uns die Welt nach unserer Erkenntnis zurechtbiegen, sondern dass unser Erkenntnisvermögen eben nur bestimmte Dinge und Eigenschaften in der Welt zu erkennen erlaubt. Damit war allerdings die dominante Rolle der Ontologie in der Philosophie ausgehebelt.

Genau um diese Fragen geht es eben auch, wenn wir uns mit dem Zufall beschäftigen. Gehört der Zufall zur Wirklichkeit oder kommt er durch unser eingeschränktes Erkenntnisvermögen zustande?

Die Rede vom Zufall als Verlegenheit

Dass wir vom Zufall reden, scheint eine Verlegenheit zu signalisieren. Schon bei G. W. Leibniz findet sich der Satz:

> *„Alle Gelehrten sind sich darüber einig, dass der Zufall lediglich eine Erscheinung darstellt, wie das Glück: Es ist die Unwissenheit der Gründe, die ihn ausmacht“.*[47]

Und so wird der Begriff eben oft verwendet, um unserem Nichtwissen einen großartigen Namen zu geben. Wir wissen nicht, welche Zahl der geworfene Würfel zeigen wird und haben deshalb die Wahrscheinlichkeitsrechnung entwickelt, die etwas über eine Häufigkeitsverteilung, aber nichts über das Einzelereignis aussagt. Technik ist aber Einzelereignis – es geht nicht um die Häufigkeiten, sondern darum, ob dieser konkrete Aufbau hier und jetzt funktioniert oder nicht.

Aristoteles (384–322 v. Chr.) listete in seinem zweiten Buch der Physik eine Reihe von Ursachenarten auf, und wenn dies nicht mehr ausreichte, meinte er:

> *„Wenn im Bereich der Geschehnisse, die im strengen Sinne wegen etwas eintreten und deren Ursache außer ihnen liegt, etwas geschieht, das mit dem Ergebnis nicht in eine Deswegen-Beziehung zu bringen ist, dann nennen wir das zufällig.“ (197b 21–22)*[48]

Reden wir heute präziser über den Zufall? Wohl kaum. Er hat sich als Begriff, wie schon gesagt, ausdifferenziert und trotzdem bleibt bei dieser Rede in allen Bereichen das Moment der Verlegenheit. Das gilt von der Wissenschaftstheorie bis hin zur Philosophie des gelebten Alltags, der ja mit vielen Zufällen scheint, auskommen zu müssen.

Kausalität als begriffliche Strategie der Weltbemächtigung

Wir können nach Immanuel Kant die Begrifflichkeit der Kausalität, die ja auch immer eine zeitliche Ordnung in die Geschehnisse bringt, als Kategorie ansehen, also als etwas, was wir schon vor jeder Erfahrung verstanden und begrifflich verfügbar haben müssen. Die Kategorie der Kausalität gehört zum *a priori*-Wissen. Damit könnten wir auch sagen: Die Kausalität ist eine begriffliche Strategie der Weltbemächtigung, denn sie führt uns von dem Zufall weg zu einer Vervollständigung des Wissens über das Wie und Warum unserer Welt. Der Verzicht auf dunkle Mächte, auf Titanen und Götter, auf Geister und beseelte Natur oder auf große Erzählungen ist der entscheidende Schritt, die Welt selbst in die Hand zu nehmen: *Ich* bin der Auslöser von Geschehnissen in der Welt, ich *habe* Einfluss auf die Prozesse durch Handlungen, die *ich* als Ursache ansehen kann. Es ist der freie Wille, der sich der Welt zu bemächtigen versucht, und die Vernunft, die durch Erkenntnisse der notwendigen Naturprozesse diese Bemächtigung immer weitertreibt. Damit wird versucht, das Zufällige, Kontingente, das, was nicht notwendigerweise so sein muss, sondern auch anders sein könnte, einzugrenzen und nach Möglichkeit zu eliminieren.

Es ist kein Wunder, dass der Determinismus erst wieder fröhlich Urstände nach den materialistischen Philosophen der Antike feierte, nachdem der Bau von Maschinen zum Paradigma der Welterklärung geworden ist. Das beginnt im 17. Jahrhundert. Die Vorstellung, dass ein großer Ingenieur die Welt als Maschine gebaut habe, lässt an Gesetze denken, denen die Maschine gehorcht und an die der Schöpfer dieser Maschine selbst auch gebunden ist: Gott kann nach Gottfried W. Leibniz – so schreibt er in seiner Monadologie – keine widersprüchliche kosmologische Maschine, d. h. Welt, „bauen“. Bei Leibniz sind die Naturgesetze Ausdruck der göttlichen Vernunft.[49] Jede Maschine ist auch für den menschlichen Erbauer ein Ausdruck seines Willens, d. h. dessen, was er mit der Maschine will. Und daran muss er sich halten, wenn ihm die Maschine nützen soll. So ist in dieser

Denkweise auch der „Große Ingenieur“[50] durch den Bau gebunden. Die Maschine ist das große Gegenstück des Zufalls, aber sie ist möglicherweise ein Modell für die Schicksalsfügung: Wir arbeiten an der große Maschinerie der Geschichte und der Welt mit, weil wir ihre Rädchen sind.

Dieses einfache Bild hat auch die moderne Theologie längst verlassen – und sieht sie heute als eine bildhafte Interpretation und nicht mehr als eine ontologische Aussage über das So-Sein der Welt an.

Die Leute fragen sich bei Widerfahrnissen: Warum ich, warum ich nicht? Sie beschwören als Erklärung das Schicksal oder die Fügung, Gottes Hand, das Walten überirdischer Mächte, wie auch immer – einen Heilsplan, den sie nicht durchschauen können oder bei einigen der gängigen religiösen Glaubensvorstellungen auch nicht dürfen. Aber sie wollen eine Erklärung haben, weil diese Erklärung es erleichtert, den Geschehnissen und Widerfahrnissen einen Sinn zu geben. Oder sie bemühen den Zufall …

Und so bleibt das Versprechen, das der Begriff Zufall anbietet, nämlich die Welt wenigstens zu einem Teil zu erklären, leer.

Kontingenter und prinzipieller Informationsmangel

Wir haben uns angewöhnt, uns nicht mehr prinzipiell aufzuregen, wenn wir etwas nicht wissen. Wir wissen, dass unsere eigenen großen technischen Systeme, die wir hervorgebracht haben, von keinem Fachmann oder keiner Fachfrau alleine zu durchschauen sind. Selbst die Hilfsmittel, die wir benützen, um unsere Welt zu verstehen und zu erleben, wie Flugzeug, Satellit, Computer, Mikroskope, Tomographen, Clouds etc., verstehen wir vielfach als Nutzer nicht – wir lassen uns trotzdem darauf ein. Allerdings hat dieses Sich-einlassen einen guten psychologischen Grund: Wir vertrauen darauf, dass es schon irgendwelche Leute gibt, die das handhaben und bewältigen, also zumindest praktisch gesehen „verstehen“ können.

Das ist in der Wissenschaft etwas anders. Jegliche innere Inkonsistenz in einer Theorie, jedes Paar sich widersprechender empirischer Ergebnisse, jedes Nicht-Funktionieren löst eine hektische Suche nach Erklärung aus. Aber nicht nur das: Wir beruhigen uns bei dem Gefühl, dass beispielweise in der Thermodynamik die Bewegung der Moleküle „eigentlich" gemessen werden könnte und man in der Durchschnittsbildung ihre kinetische Energie ausrechnen könnte, was für eine Temperatur das Gas hat. Dass das einige 10^{27} Moleküle und damit ebensoviele nicht durchzuführende Messverfahren wären, wird als ein praktisches, kein theoretisches Argument gesehen. Die Formel, die die mittlere kinetische Energie der Moleküle mit der Temperatur verbindet, fungiert nicht nur als Erklärung der Temperatur über die Brownsche Molekularbewegung, sondern auch als Aussage: Temperatur ist nichts anderes als ... Da wir aber nicht messen können oder wollen, begnügen wir uns mit der Angabe der Temperatur. Also ermitteln wir umgekehrt die Durchschnittsgeschwindigkeit aus der Temperaturmessung. Welche Geschwindigkeit das einzelne Molekül hat, interessiert dann nicht mehr.

Was hier etwas angesprochen wurde, möchte ich den kontingenten Informationsmangel nennen. Es ist dies ein im Prinzip – zumindest nach dem klassischen Verständnis von Thermodynamik – behebbarer Mangel, wenn auch sehr unpraktischer Art. Davon zu unterscheiden wäre der prinzipielle Informationsmangel, den wir nicht beheben können, selbst wenn wir uns unendlich anstrengen würden.

Davon gibt es zwei Arten: der systemtheoretisch begründbare prinzipielle Informationsmangel bei komplexen Systemen und der in der Quantentheorie unvermeidbare Verlust an derjenigen klassischen Information, die wir aus der Mechanik her gewohnt waren.

Es hat sich gezeigt, dass Wissenschaft und das theoretische Verständnis von Technik mit der Einführung des Systembegriffs, den man hier näher erläutern müsste, aber von dem jeder eine Art intuitives Vorverständnis hat, eine große methodische Freiheit gewonnen hat.[51] Wir modellieren in den Wissenschaften und in der Technik Systeme als Abbildungen von uns interessierenden Gegenstandbereichen. Wir benutzen Mathematik zur Beschreibung von Struktur und regulärem Verhalten und versuchen dann, Vorhersagen zu machen oder das Verhalten des Systems aufgrund von bestimmenden Größen zu erklären. Das machen die Physik, die Medizin, ja mittlerweile sogar die Soziologie und die Geschichtswissenschaft so.

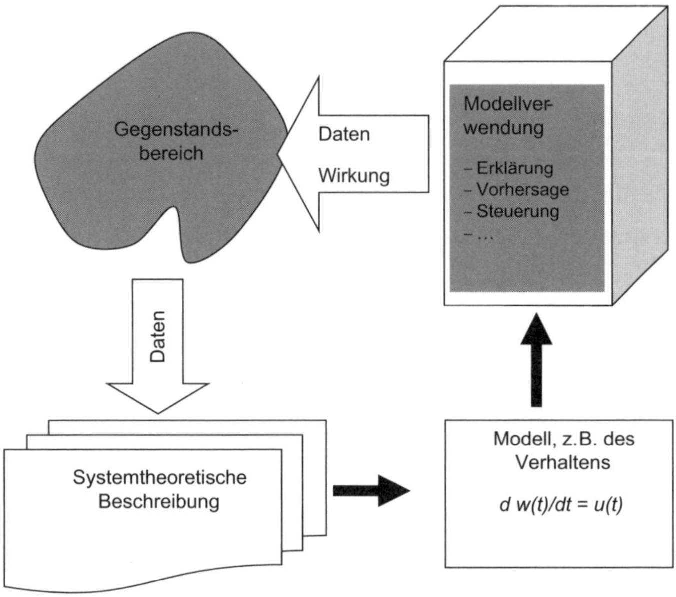

Abb. 22: Systeme sind Beschreibungen von Gegenstandbereichen, um Modelle bilden zu können

Der Begriff der Komplexität in der Informatik geht von einer Aufgabe aus, die gelöst werden muss. Man betrachtet das Verfahren, d. h. den Algorithmus, der diese Aufgabe löst und bestimmt die Komplexität der Aufgabe als Länge des Algorithmus gemessen in der Anzahl von noch notwendigen Zeichen, nachdem man alle redundanten Zeichen entfernt hat. Die Frage ist dann, ob es einen Algorithmus gibt, der, wie die Vorstellung von einer Weltformel, alle möglichen Prozesse beschreibt und alle Aufgaben lösen könnte oder ob die kürzeste Beschreibung der Welt zwangsläufig die Welt selbst ist. Es geht also um die Inkompressibilität von Beschreibungen als ein Maß für Komplexität des Beschriebenen.

Die Komplexität in der Informationstheorie wurde ganz ähnlich bestimmt durch die Anzahl der notwendigen Information in Bits in einer Zeichenreihe, um eine unentschiedene Situation in eine entschiedene zu überführen.[52] Eine ähnliche Variante lieferte die Kolmogorov-Komplexität. Beide Maße setzen aber in gewisser Weise die Struktur einer Situation, die von einer unentschiedenen in eine entschiedene überführt wird, voraus.

In der Problemlösungslogik wird die Komplexität eines Problems proportional zu der Zeit angesehen, die man zur seiner Lösung unter definierten Bedingungen aufwenden muss. Dies hängt empfindlich vom Vorwissen, also der Vorgeschichte des Lernens ab.

Die aus der Informatik und der Operation Research bekannte NP-Komplexität setzt die Anzahl der rekursiven Rechenschritte, die zur Berechnung eines Problems erforderlich sind, z. B. Berechnung der Zugmöglichkeiten in einem Schachspiel oder beim *Travelling-Salesman-Problem*, als Maß für Komplexität. Dabei wächst die Anzahl mit der Zahl eines Basisparameters polynomial oder exponentiell an. Erhöht man z. B. die Spielstärke beim Schach, d. h. die Tiefe, wie weit Züge in einem Schachspiel vorausberechnet werden sollen, oder nimmt man die Anzahl der Stationen einer Reise, deren Reihenfolge man optimieren möchte, führt dies rasch zu einer zwar praktischen, aber keiner prinzipiellen Unberechenbarkeit.

Was wir über ein System wissen können, beschreiben wir durch Angaben über die hypothetische Struktur (= Verbindung zwischen den Elementen) und seinem Verhalten (zeitliche Dynamik der Eingangs-, Zustands- und Ausgangsvariablen). Zuverlässiges Wissen erhalten wir nur dann, wenn der Gegenstandbereich, den wir als System beschreiben wollen, solange seine Charakteristik behält, solange wir glauben, mit dieser Charakteristik den Gegenstandbereich als System adäquat erfassen zu können. Damit ist es vorbei, wenn während der Untersuchung, des Gebrauchs oder der Beobachtung oder Simulation – wie auch immer – der Gegenstandsbereich seine Charakteristik ändert. Wir müssen dann auch unser Modell ändern oder/und eine neue Systembeschreibung entwerfen, nach der wir unser Modell eines Systems neu ausrichten müssen.

Das Ganze hat verzweifelte Ähnlichkeit mit dem bekannten Spiel „Jüdisches Poker" – der andere ist immer einen Spielzug voraus, um die Spielregeln ändern zu können.

> „Spielen Sie mit mir ‚Jüdisches Poker'?"
> „Wie geht das?"
> „Macht nichts – erklär ich Ihnen. Indem wir einfach spielen."
> „Gut".
> „Denken Sie sich eine Zahl. Haben Sie sie? Gut! Ich denke mir auch eine. Sagen Sie, welche?"
> „Vier"
> „Verloren. Ich habe fünf gedacht. Wer die höhere Zahl denkt, hat gewonnen. Noch eine Runde. Ich sage jetzt meine Zahl: 21"
> „OK. 23!"
> „Oh – wieder verloren – weil im zweiten Zug verliert der, der die höhere Zahl sagt – und ich hätte auch nachher 21 gesagt."
> „Verfl ... Jetzt bin ich aber dran. 3458!"
> „Oh nein – Sie haben wieder verloren – ich habe „ultimo" gedacht – das schlägt die größte und die kleinste Zahl."[53]

Man nimmt heute an, dass biologische Systeme (die wachsen und zerfallen), kognitive Systeme und organisatorische Systeme zu diesen – in diesem Sinne komplexen Systemen – gehören. Sie zeigen sich als nicht mehr vollständig beschreibbar, das kann man auch formal zeigen, der Informationsmangel ist prinzipiell nicht zu beheben, wir hinken immer hinterher, wir können das Spiel nicht gewinnen, weil das System seine Spielregeln während des Spiels verändert.

Ähnliches gilt auch für die chaotischen Systeme, die man sogar bauen kann, z. B. ein Doppel-Pendel – ein Pendel, an dessen Ende wieder ein Pendel hängt: Obwohl die Bewegungen des Pendels vollständig determiniert sind, können wir sie nicht voraussagen, weil ihr Ablauf hoch empfindlich gegenüber der Anfangsenergie ist, die wir durch Anschubsen dem Pendel geben und die Bewegungsgleichungen zudem nicht analytisch lösbar sind. Man erhält die „Lösung" nur, indem man das Pendel selbst anregt und beobachtet. Damit brauchen wir genau so lange, wie der Prozess selbst dauert – wir haben also von unserer Vorhersage nichts. Ob dies nun ein kontingenter oder prinzipieller Informationsmangel ist, ist umstritten – manche sagen, dass dies lediglich ein Computereffekt sei, der damit zusammenhängt, dass ein endlicher Computer, der Zahlen immer runden muss, die immer feiner werdende Empfindlichkeit chaotischer Systeme gegenüber den Anfangsbedingungen eben rechnerisch nicht mehr aufholen kann.

Der kontingente Informationsmangel scheint uns nicht zu beunruhigen – die philosophischen Debatten beginnen beim prinzipiellen Informationsmangel, denn hier beginnt die Diskussion um die Natur des Zufalls – als ein Geschehnis, dessen hinreichende verursachende Gründe wir nicht nur nicht kennen, sondern darüber hinaus vielleicht gar nicht kennen können.

Kompensationsformen von Kontingenz

Was ist aber nun der Zufall im modernen Verständnis? Bildet er in gewisser Weise unsere zur Verfügung stehenden Bemächtigungsstrategien in die Sprache der Wissenschaft ab oder hat sich der Zufallsbegriff längst verselbstständigt?

Die Quantentheorie hatte einen prominenten Gegner – Albert Einstein. Dass das natürliche Geschehen letztlich konstitutionell Zufallselemente beinhalten sollte, war ihm unvorstellbar. Sein Bonmot: *„Der Alte würfelt nicht"*, meint eben auch, dass es letztlich deterministisch zugehe in der Welt.

Was aber heißt nicht-deterministisch? Wir müssen wohl den Begriff des Nichtdeterministischen und die Nichtvorhersagbarkeit unterscheiden: Die Prozesse in der Chaostheorie sind deterministisch, jeder vorangegangene Zustand wirkt auf den folgenden ein und jeder Zustand ist vollständig von dem vorhergehenden Zustand des Geschehens bestimmt, aber nicht vorhersagbar. Ist die Bestimmung dieser Abhängigkeit aber nur immer Schritt für Schritt und nicht im Rahmen einer analytischen Lösung möglich, so ist – wie beim Doppelpendel oben – die beste Methode, den Ablauf vorherzusagen, den Ablauf selbst zu starten und zu beobachten. Die Informatik hat dafür den Begriff der Inkompressibilität einer Beschreibung eines komplexen Vorgangs gefunden: Wenn die Beschreibung zur Vorhersage eines Vorgangs länger ist als der Vorgang selbst, können wir – wie gesagt – auf eine Vorhersage getrost verzichten.

Das ist aber eher ein praktisches Argument. In der Quantentheorie geht es nicht darum, Beschreibungen zu verkürzen, sondern eine Theorie zu interpretieren, die das Verhalten von kleinsten Bausteinen unserer Welt, also den Molekülen, Atomen und Elementarteilchen, soweit es möglich ist, eben nur bis auf Wahrscheinlichkeiten beschreibt.

Trotzdem blieb die Frage: Wie kommt es, dass wir nur die Liste von möglichen Zuständen und ihre Wahrscheinlichkeitsverteilung wissen können und nicht, welcher Messwert wirklich erreicht werden wird. Um es zuzuspitzen: Ist das Naturgeschehen seiner Natur nach wirklich zufällig? Ist dies ein Zufall, der eben darin besteht, nach Leibniz, dass wir die Ursachen, die es geben müsste, eben (noch) nicht kennen, oder ist der Begriff der Ursache selbst in diesem Bereich der Physik zumindest teilweise obsolet geworden? Niels Bohr hat dies in seinem Hang zu Anekdoten unvergleichlich ausgedrückt:

> „Ich hätte gern gemischte Bonbons für einen Cent", sagt ein Junge im Krämerladen. „Hier hast Du ein blaues und ein rotes – mischen kannst Du sie Dir selbst", ist die Antwort des Krämers.

Dahinter steckt die Überzeugung, dass wir mit unseren Begriffen, mit denen wir aus der Alltagswelt herkommen, bei der Modellierung im quantenmechanischen Bereich nicht mehr erfolgreich sind. Dies könnte so sein, weil die Begriffe nicht taugen oder weil die Natur anders ist, als wir gedacht haben. Deshalb müssen wir, so z. B. eine Interpretation der Quantentheorie, zur wahrscheinlichkeitstheoretischen Beschreibung Zuflucht nehmen – also als das modellieren, was die Mathematik Zufallsereignisse nennt.

Da wir damit erfolgreich sind, erlaubt dies zwei Sichtweisen:

1. Wir benutzen diese mathematisch erfolgreiche Beschreibung aus der Wahrscheinlichkeitstheorie und sagen: Es ist ein Modell für die Vorgänge in einem mehr oder weniger von uns definierten und von uns in der Natur präparierbaren Gegenstandsbereich. Das bedeutet, dass man damit experimentieren kann. Wenn das Modell erfolgreich ist, kann es weiterverwendet werden und muss nicht weiter begründet werden. In dieser Sichtweise ist die Quantentheorie eine spezielle Form der Systemtheorie herausgegriffener physikalischer Realitätsbereiche. Die Mathematik, d. h. der formale Apparat, sagt nichts über die Welt, er berechnet lediglich die Konsequenzmengen unserer Postulate, die Vermutungen über die Regularitäten des Gegenstandsbereichs formulieren. Diese Position – die ich am Ende des vorige Kapitels Deskriptionismus genannt habe und der ich wissenschaftstheoretisch, wenn es um Praktikabilitätsgründe geht, zuneige – verzichtet offen darauf, die Wesens- oder Warum-Fragen über die Naturprozesse oder über Systeme als solche zu thematisieren.
2. Die andere Position lautet so: Da dieses Modell so erfolgreich ist, muss es in der Natur der Natur liegen, dass sie nicht deterministisch ist – was wir klassisch sehen und beobachten, ist ja die große Zahl der superponierten Zustände. Das bedeutet, dass der einzelne Prozess, das einzelne Geschehen von anderer Natur ist, als wir es bisher in einem *actio-reactio* Schema geglaubt haben. Die einzelnen Ursachen können, müssen aber nicht zu einem bestimmten Effekt führen, und die Effekte können durch mehrere Ursachen bestimmt sein oder eben unverursacht sein. Der vollständige Satz von hinreichender Ursache ist prinzipiell nicht vollständig erkennbar, weil es ihn in dieser Form nicht gibt. Dieser letzte Satz ist eine ontologische Festlegung über die Natur der Natur. Damit wird auch eine Aussage über den Zufall gemacht: Ereignisse ohne vollständigen Satz hinreichender Ursachen nennen wir epistemischen Zufall, wenn wir sie nicht wissen, ontologischen Zufall, wenn wir wissen, dass es diesen Satz nicht gibt.

Nun ist es ist zugegebenermaßen eine gewisse Kühnheit, Quantentheorie unter die Kompensationsformen für Kontingenz einzuordnen – aber sie macht aus der Not eine Tugend: Wenn man den Zufall nicht eliminieren kann, muss man ihn konstitutiv in eine Theorie einbauen. Genau das hat die Quantentheorie getan, zumindest sofern man die zweite Position einnimmt.

Die erste Position, die pure Deskription ist allerdings ein Verzicht auf Bemächtigung – im Rahmen der Statistik sind wir erfolgreich, mehr nicht. Dies führt bei dieser Position ganz zwangsläufig dazu, dass man die Ereignisse nur – bis auf Wahrscheinlichkeiten bestimmt – beeinflussen kann.

Die zweite Position hätte eigentlich die Annahme zur Konsequenz, dass man noch nicht weit genug in der Aufklärung der Natur der Natur gegangen ist. Nach dem berühmten Satz von Francis Bacon (1561–1626), dass eine Erklärung später zur Handlungsregel werden kann (und auch sollte),[54] müsste man mehr über die Natur der Natur wissen, um ihr anscheinendes sprunghaftes Verhalten überlisten zu können. Wer Statistik betreibt, verzichtet auf den Einzelfall und wer den Einzelfall erklären will, muss eben mehr wissen.

Es gibt natürlich noch einen weiteren Grund, zur Statistik Zuflucht zu nehmen. Man kann wohl die Einzelfälle kennen, aber ihre Verknüpfung mag zu komplex sein, um über das Ganze eine vernünftige Aussage machen zu können. In dieser Lage befinden sich alle Wissenschaften wie die Soziologie, die Psychologie, die Wirtschaftswissenschaften, wenn sie von der Mikrosicht aus, die Eigenschaften der Einzelereignisse beschreibt, auf die Makrosicht, die Eigenschaften des ganzen „Systems“ beschreiben soll, übergehen wollen. Der methodische Kniff besteht darin, dass man die Beschreibungsebene wechselt und Größen definiert, die auch im Großen und am Ganzen beobachtbar sind und sie über statistische Beobachtungen verknüpft – d. h. Häufigkeitsauszählungen. Die Thermodynamik war da ein Vorbild: Statt der Behandlung der Molekülbewegungen, also Eigenschaften auf der Mikroebene, reduziert man die Beschreibung auf die Makroebene, und nimmt Temperatur und Druck beispielsweise. Das ist legitim und überrascht auch nicht – aber auch dies ist eine Bewältigungsstrategie bei praktisch nicht behebbarer Kontingenz. Ähnlich bildet die Soziologie und Demoskopie in ihren empirischen Erhebungen Stimmungsschwankungen und Meinungen als Makrovariable einer ganzen Gesellschaft ab, kann aber über das Einzelereignis nichts mehr aussagen.

Vertrauen und Kontrollverlust

Ein Zuviel an Kontingenz heißt ein Zuviel an zufälligen Ereignissen, ein Zuviel an Informationsmangel, sei er nun prinzipiell oder nicht, führt zu einem Zuviel an Kontrollaufwand. Kann dieser nicht mehr geleistet werden – wir sind endliche Wesen – führt dies in der Wissensschaft zu einem Mangel an Wissen, in der Praxis jedoch zu Kontrollverlust. Man kann sich dabei dem Schicksal ergeben, es lieben lernen oder fatalistisch zu erdulden meinen, man kann aber bei diesem Kontrollverlust auch andere Möglichkeiten entwickeln.

Wir erbringen jeden Tag Vertrauensakte, deren wir uns gar nicht bewusst sind. Der Philosoph Hermann Lübbe hat uns darauf hingewiesen, dass dies gerade im technisierten Alltag der Fall ist: Flugzeug, Auto, Nahrungszubereitung, Aufzug etc. Bei der Achterbahn wird es für manche schon etwas schwieriger. Auch zeigt die Flugangst, dass dieses Vertrauen zuweilen doch keine Selbstverständlichkeit ist, manche vermeiden Online Banking, so gut es geht.

Angesichts der Komplexität von Technik, ihrer Unüberschaubarkeit und gelegentlichen Überfunktionalität (Overengineering) sind wir im Alltag oder als „Partial-Laien“ [55] gezwungen, uns vereinfachte Modelle von Technik zu machen, um sie überhaupt als vertrauenswürdige Technik zu verstehen. Die wiederholte Erfahrung des Erfolges solcher Modelle verstärkt das Vertrauen. Zur Bildung solcher Modelle gehört das Wissen über die Technik, also Kausalzusammenhänge, Funktionalzusammenhänge, Regelwissen, Zuverlässigkeitswissen und nicht zuletzt organisatorisches Wissen.

Da wir jeden Tag Akte des Vertrauens gegenüber undurchschaubaren Technologien begehen, scheint Transparenz nicht die Voraussetzung für das Vertrauen zu sein, sondern es herrscht eine gewisse Grundvertrautheit, die nur in schweren Havarien kurzfristig gestört wird.

Technische Neuerungen, Innovationen im engeren Sinne, müssen wegen der Wechselwirkung mit ihrer organisatorischen Einbettung, eben auch vor diesem Hintergrund verstanden werden. Das reine Gerät allein ist – technisch-funktional gesprochen – nichts, es kann seine Funktionalität nicht entfalten. Das bedeutet auch, dass Fehlfunktionen aus Unverständnis heraus oft als Zufall angesehen werden.

Vertrauen gegenüber neuer Technologie oder künftiger Technologie bedarf auch des Vertrauens nicht nur in die einzelnen Gerätetechniken, sondern auch in ihre organisatorische Hülle. Dies sieht man besonders bei Handys und Computern. Hier setzt Misstrauen nicht an der Hardware, sondern an der Software und dem damit zusammenhängenden marktstrategischen Verhalten führender Software-Hersteller an.

Vertrauen in funktionierende Technik überträgt sich mit der Zeit auf die dahinterstehenden Institutionen und deren Verhaltensweisen (Anbieter, Firma, Entwickler)[56] sowie auf die organisatorische Hülle selbst, also die Co-Systeme einer funktionierenden Technik.

Dieses Vertrauen wird, wenn die positiven Funktionserfahrungen überwiegen, Störfälle als Fügungen im aristotelischen Sinne ansehen – es wird weniger durch Störfälle als durch die Haltung von Technikentwicklern und Technikanbietern gestört. Zwar sind die Markt- und Konkurrenzmechanismen nicht durchschaubar, aber man hält sie nicht für Zufall, sondern interpretiert es als Interessengeflecht. Die Zielursachen, nämlich die Interessen, sind prinzipiell identifizierbar. Der Informationsmangel scheint kontingent, ist es aber nicht. Denn auch die organisatorischen Formen wie Märkte, Weise des Wirtschaftens, verändern sich zuweilen schlagartig. Die Finanzkrise hat deutlich gezeigt, dass wir hierfür keine Theorie haben, weil das Geschehen komplex im obigen Sinne ist.

Große technische Systeme

Auch in der Technik haben wir es mit Kontrollverlust zu tun, also mit all dem, was man als Zufall bezeichnet, mit kontingentem, aber auch mit prinzipiellem Informationsmangel. Wachsende oder zusammenbrechende große technische Systeme, die in sich verändernde Organisationen eingebettet sind, sind ebenfalls nicht mehr vollständig beschreibbar, und zwar prinzipiell, weil sich die Organisation und damit die Rahmenbedingungen für technisches Funktionieren, schneller ändern, als wir es in einer Theorie erfassen könnten. Deshalb gibt es Überraschungen. Zwei Beispiele seien hierfür genannt, der Atommüll und das Internet.

Das *nukleare Entsorgungsproblem* wird wohl immer noch unterschätzt, obwohl es bereits seit dem Betrieb der ersten Versuchsanordnung eines Reaktors auf dem Squash-Platz der University of Chicago am 2. Dezember 1942 besteht. Langlebige radioaktive Stoffe müssen von der Biosphäre auf lange Zeit ferngehalten werden – die Aufgabe ist international und übersteigt jede halbwegs vernünftig überschaubare Zeitspanne – bei Halbwertszeiten von 20000 Jahren muss man weit darüber hinaus andauernde konstante Lagerbedingungen haben. Es gibt vier Strategien hierfür: Die erste nennt sich „*dig it and forget it*“, die zweite „*dig it and mark it*“, denn vielleicht muss oder will man das Zeug wieder herausholen, um es zu verwerten oder anders zu lagern. Die dritte könnte man mit „*up and away*“ kennzeichnen, d.h., das Material z.B. auf den Mond oder in die Sonne zu schießen und die vierte Strategie versucht, den Zerfall selbst zu beschleunigen durch Transmutation, also Umwandlung in kurzlebigere Isotope. Alle vier Strategien sind bisher wenig erfolgreich: Es gibt bisher kein zuverlässiges Endlager weltweit und es ist keine Informations- und Kommunikationstechnologie vorstellbar, die die Tatsache, dass an einem bestimmten Platz gefährliches Material aufbewahrt wird, das nicht ausgegraben werden darf, zuverlässig noch in 2000 Jahren tradieren könnte. Um das Material in den Weltraum zu schießen, ist die angefallene Menge mittlerweile zu umfangreich (weltweit vermutlich über 500 000 Tonnen mit unterschiedlicher Strahlungsintensität) und auch das Risiko bei einem Unfall wäre viel zu hoch. Die Transmutation funktioniert aktuell erst an Materialproben im Grammbereich. Außerdem beseitigt die vierte Strategie den Abfall nicht, sondern verkürzt lediglich die erforderlichen Lagerungszeiten.

Das Kind scheint also schon in den Brunnen gefallen zu sein – selbst ein abrupter weltweiter Ausstieg aus der Kernenergie würde das Problem etwas mildern, aber nicht lösen. Das einzige, was man tun kann, ist die Optionen offen zu halten, d. h. künftigen Generationen, die sich mit unseren Hinterlassenschaften herumschlagen müssen, alle Möglichkeiten an die Hand zu geben, verantwortlich damit umzugehen. Das bedeutet, dass man auf eine reversible Entsorgungstechnologie und -organisation setzt, die flexibel reagieren kann, wenn sich ein Wissen oder veränderte Umstände ergeben. Man könnte dies auch eine offene Technologie nennen.

Das zweite Beispiel, das Internet, stellt neben dem Hadron Large Collider das größte technische System, verteilt über die ganze Welt, dar. Es integriert durch die Digitalisierung mehr oder weniger auch das Welttelefonsystem. Es führt alle Rechner- und Kommunikationsleistungen potenziell zusammen, verändert ständig seine Struktur, bringt selbst wieder neue Organisationsformen hervor und dürfte als Paradebeispiel eines Systems gelten, dessen Verhalten prinzipiell nicht überschaubar oder vorauszusagen ist. Auch hier bleibt nichts anderes übrig, als die Optionen offen zu halten und möglichen Versuchen, das Netz selbst oder Teile davon Partikularinteressen zu unterwerfen. Eine Strategie ist, die Netzneutralität aufrecht zu erhalten, also alle Nachrichten ohne Beschränkung in gleicher Weise zu übermitteln. Dies ist freilich angesichts der technischen Möglichkeiten der *Deep Packet Inspection* und der Begehrlichkeiten von Wirtschaft und Geheimdiensten eine Forderung, die es schwer hat und schwer haben wird. Trotzdem sollte politisch, wirtschaftlich und organisatorisch versucht werden, durch möglichst offene Strukturen die Freiheit im Netz aufrechtzuerhalten.

Kopplungen und Vernetzungen

Murphys Gesetze über das, was schief gehen kann, haben schon ganze Generationen von Studierenden erheitert und es ist ein wirklicher Spaß, sich neue auszudenken. Sie reflektieren die Erfahrung, dass es nie so glatt läuft, wie man sich das vorstellt, und dass man aus irgendwelchen Gründen – meist mit Zufall oder Komplexität umschrieben – scheitern kann.

Was schief gehen kann, geht schief. Warum eigentlich? Wenn der Zufall Zufall ist, warum spielt er uns in der Regel eher übel mit, als dass er uns Glück bringt? Warum scheint er asymmetrisch seine Gunst zu verteilen? Murphys Gesetze sind ein ironisch satirischer Ausdruck dieser phänomenologischen Erfahrung. Der Zufall ist ein übelgesinnter Bursche, auf den naturgemäß kein Verlass sein darf. Man richtet seine Lebensplanung ja auch nicht auf die Erwartung eines Lotteriegewinns aus.

Die aristotelische Interpretation des Zufalls als einer Abfolge von Ereignissen, die zwar verursacht sind, deren Ergebnis aber in keinem Zusammenhang mit Handlungsintention steht, ist eine Position. Man kann dies als unser Schicksal bezeichnen: Es komme eben, wie es komme. Man kann auch eine andere Position vertreten: Dass Scheitern deshalb unausweichlich ist, weil wir fast alles Geschehen, das wir zu kontrollieren glauben, mit unseren oder fremden Handlungsintentionen verknüpfen, d. h. sozusagen immer für unsere oder andere Ziele in die Pflicht nehmen wollen. Alles, was ist, ist gewollt. Murphys Gesetze sagen uns dann lächelnd, dass dies offensichtlich eine falsche Strategie der Weltinterpretation sein könnte.

Die Analyse von Katastrophen in Kapitel 2 wirft ein neues Licht auf das, was Aristoteles als *dystýchia*, als Pech haben, bezeichnet hat: Es sind die angeblichen kleinen, als Zufälle genannten Ereignisse, deren zu enge Verknüpfung zu großen Katastrophen führen. Wir können uns auf die Analysen von Charles Perrow berufen, in dessen Buch „Normale Katastrophen" gerade diese Vernetzung von Abhängigkeiten als eigentliche Ursache erkannt wurde. Jedes einzelne Ereignis, dessen Zustandekommen man durch die Varianz normaler erklärbarer Ereignisse erklären kann (kleine Abweichungen sind immer drin), hätte keine katastrophalen Folgen, sondern hätte nur Kleinstschaden erzeugt, aber durch die enge Kopplung von Organisation, Technik und der Systeme untereinander führte das Zusammentreffen zum großen Unfall.

Das Problem liegt darin, dass der Zufall oder die Fügung nicht in der Varianz der kleinen fehlerhaften Ereignisse zu suchen ist, sondern in ihrem Zusammentreffen in einem hergestellten technisch-organisatorischen Gesamtsystem, das dann quasi deterministisch darauf reagiert.

Aristoteles sprach von Fügung. Aber wenn es schief läuft, fügt es sich nicht – es wird zum „Unfug". Das sind Ereignisse, die die Betroffenen nicht gewollt haben: Warum sie und nicht andere? Gäbe es keine Betroffenen, gäbe es auch keine Katastrophe, sondern nur uninterpretierte Ereignisse. Kurzum: Was eine Katastrophe ist, definiert der Betroffene, nicht das Geschehen. Der Einschlag der Bruchstücke des Kometen Shoemaker-Levy-9 im Juli 1994 auf dem Jupiter war für niemand eine Katstrophe, wenn auch ein gewaltiges Ereignis.

Welche Strategie der Weltbemächtigung bleibt also übrig?

Charles Perrow gibt uns einen Hinweis: Auch wenn wir das, was wir Zufall nennen, lediglich für Zufall halten, weil uns keine weitere Erklärung einfällt, wissen wir doch aus der Beobachtung, dass mit der Zeit die Zuverlässigkeit menschlicher Hervorbringungen nachlässt. Wir könnten auch sagen: Die Systeme, die wir bauen, altern. Das gilt für Geräte wie für Organisationen. Altern bedeutet hier Abnutzung, Verschleiß, Bruch, Verlust an Funktionalität. Das ist kein Zufall, das sind Prozesse, die man in der Physik, in der Technik und in der Organisationspsychologie sehr gut verstehen kann.

Als zufällig könnten wir die Zeitpunkte der Ereignisse ansehen, wann ein Bauteil ausfällt – aber *dass* es eines Tages ausfallen wird, ist außer Zweifel. Denn wir wissen ja, dass die Systemzuverlässigkeiten nachlassen, aber nicht genau wann und an welcher Stelle. Da wir dies nicht wissen, machen wir uns mithilfe der Wahrscheinlichkeitsrechnung einen Plan, die Dinge, die brüchig werden könnten, zu ersetzen. Vorbeugende Wartung und Instandhaltung nennt man das in der Technik. Ihre Unterlassung gilt mittlerweile als Kunstfehler und Fahrlässigkeit.

Die Verletzlichkeit unserer technisierten Welt steigt mit dem Grad der Vernetzung der Technologien – fast eine Binsenweisheit. Wenn wir also die Kontingenz einhegen wollen, den Zufall bändigen wollen, dann durch zwei Strategien der Katastrophenvermeidung: Instandhaltung und Entflechtung, und – sicher nicht überraschend – Entschleunigung und Entdichtung. Der Preis dafür, nämlich ein teilweiser Verzicht auf ökonomische Optimierung, ist hoch und steht der praktischen Durchführung dieser Strategie wohl entgegen.

Überschaubare Konstruktionen, sei dies in Technik, Wirtschaft, Politik oder Verwaltung, erlauben lokalisierte Bewältigungsstragien – *divide et impera* (teile und herrsche) sagten schon die Lateiner. Lokale Bewältigungsstrategien beziehen sich auf eine Reduktion von Komplexität im Sinne der Vielfalt und der inneren Abhängigkeit. Reduktion von Komplexität schafft noch keinen Sinn, wie der Schöpfer der Soziologischen Systemtheorie,[57] Niclas Luhmann (1927–1998) vielleicht etwas voreilig annahm, sondern eine Erhöhung der Zuverlässigkeit von schon definierten sozialen, technischen oder politischen Funktionen.

Deshalb kann man von Zufall nur reden, wenn man schon einen sinnstiftenden Kontext hat. Denn nur dann würde die Rede vom sinnlosen Zufall Sinn machen. Aber wir haben ja am Anfang dieses Kapitels gelesen, dass die Rede vom Zufall eine gewisse Verlegenheit verrät. Deshalb sollten wir bescheiden bleiben – dem Zufall nicht den ontologischen Rang einräumen, dem ihn viele verleihen – er ist eine Redeweise, die nichts erklärt, sondern lediglich zeigt, wo wir wenig wissen, und dass wir nicht genau wissen, was wir nicht wissen.

Abb. 23: Reduktion von Komplexität (Quelle: © Rolf Hichert. Mit freundlicher Genehmigung von Rolf Hichert)

Kleine Übung: Würden Sie dem Philosophen und Physiker C. F. von Weizsäcker (1912–2007) zustimmen, wenn er schreibt:

„Es gehört zu den methodischen Grundsätzen der Wissenschaft, dass man gewisse fundamentale Fragen nicht stellt. Es ist charakteristisch für die Physik, so wie sie neuzeitlich betrieben wird, dass sie nicht wirklich fragt, was Materie ist, für die Biologie, dass sie nicht wirklich fragt, was Leben ist, für die Psychologie, dass sie nicht wirklich fragt, was Seele ist. … Wollten wir nämlich diese schwersten Fragen gleichzeitig stellen, während wir Naturwissenschaft betreiben, so würden wir alle Zeit und alle Kraft verlieren, die lösbaren Fragen zu lösen. … Auf der anderen Seite darf man sich nicht täuschen, dass das methodische Verfahren der Wissenschaft … wenn es sich über seine eigene Fragwürdigkeit nicht mehr klar ist, etwas Mörderisches an sich hat.“[58]

10. Nicht im Sinne des Erfinders

Technologically sweet

Einer der „Väter“ der Atombombe, Robert Oppenheimer, nannte das Gebiet der Kernwaffentechnik, zumindest nach einem dokumentarischen Theaterstück über ihn, „technologically sweet“. Oppenheimer hat dies nach Hiroshima und Nagasaki bedauert, meinte sogar, das Werk des Teufels getan zu haben.[59] Wie auch immer, es scheint so etwas wie eine anwendungsneutrale Begeisterung für Technik als solche zu geben. Dies hat weniger mit imponierenden Oberflächen, Eleganz der Karosserie oder tollen Schalttafeln, Armaturen und beeindruckenden Bildschirminhalten zu tun, die auch den Laien faszinieren (sollen), sondern liegt tiefer – in der Machbarkeit, der Eleganz, der Einfachheit, der Neuigkeit einer technischen Konstruktion oder Funktionalität. Sicher spielt die Gier auf das Neue, die Neugier, eine Rolle, sicher auch das Faszinosum, der Natur scheinbar etwas abgeschaut zu haben, vielleicht auch die sich abzeichnende Berechenbarkeit, die ja gerne das Gefühl der Beherrschbarkeit vermittelt. Entscheidend dürfte aber wohl die Erwartung und dann Erfahrung sein, den Bereich der möglichen Funktionen, d. h. was man mit der neuen Konstruktion oder Erfindung machen kann, um einen entscheidenden Anteil erweitert zu haben.

Das Faszinosum Technik hat lange das Nachdenken über mögliche Auswirkungen technischer Errungenschaften nicht gerade verhindert, aber auch nicht befördert. Man kann Wirkungen und Nebenwirkungen klassifizieren danach, ob sie vorhersehbar sind oder nicht und ob sie erwünscht oder nicht erwünscht sind. So ist eine der typischen Nebenfolgen der Nutzung fossiler Energieträger der erhöhte CO_2-Eintrag in die Atmosphäre und als zweiter Effekt für die einen die nur vermutete, für die anderen klar absehbare Veränderung unseres Klimas. Dies ist eine Nebenfolge, die nicht erwünscht ist, die aber in der ersten Hälfte des 20. Jahrhundert so noch nicht vorhersehbar war.

Erwünschte Nebenfolgen zum Beispiel der Digitalisierung der auf analogen Signalen basierenden Nachrichtentechnik war das Zusammenwachsen von Kommunikations- und Computertechnik und infolge die Ermöglichung des Internets. Dessen Vorgänger, das militärische ARPA-Net war ja alles andere als für zivile Nutzung vorgesehen. Nur wenige haben dieses Internet „kommen sehen".[60] Nicht absehbar war beispielsweise die Schädigung der Umwelt durch den Gebrauch von Fluorkohlenwasserstoffen und DDT, absehbar war das Problem des nuklearen Abfalls aus ziviler, technischer, medizinischer wie militärischer „Nutzung". All das ist das Gebiet der Technikfolgenabschätzung, deren Notwendigkeit außer Frage steht und hier nicht näher diskutiert werden muss.

Ist der Schraubenzieher nur zum Schrauben da?

Mit zu den Nebenwirkungen gehört auch, dass technische Hervorbringungen „nicht im Sinne des Erfinders" gebraucht werden können und dann auch entsprechend eingesetzt werden.

So ist es vorhersehbar, dass man einen Schraubenzieher auch zu etwas anderem verwenden kann und er auch anders verwendet wird, als nur zum Schrauben. Ebenso kann man sich vorstellen, dass solche nicht vorgesehenen Verwendungsarten von interessierter Seite, sei es Hersteller oder Benutzer, erwünscht oder nicht erwünscht sein können. Das Problem ist, dass man es kaum absehen kann, wozu ein Produkt noch alles benutzt werden kann. Die Technologien der Kernenergie teilte man in zivile, militärische und wissenschaftliche, meist medizinische Nutzungsbereiche ein, Kernwaffen dienten nach zwei Abwürfen 1945 lediglich zur Abschreckung und wurden seither militärisch nicht mehr eingesetzt, im zivilen Sektor ist nur die Gewinnung von Energie bekannt, in Wissenschaft und Medizin hat Nukleartechnik ein vielfältiges Spektrum an Anwendungen, die erwünscht, aber zu Beginn in den 50er Jahren noch nicht völlig absehbar waren. Allerdings werfen die denkbaren und absehbaren Missbrauchsmöglichkeiten seither erhebliche Sicherheitsfragen auf.

Diese prinzipiellen Überlegungen gelten natürlich nicht nur für den Bereich der Kernenergie. Dass man Passagierflugzeuge als Bomben verwenden kann, wurde erst nach dem 11. September 2001 nach dem „Angriff" auf die Twin Towers in Manhattan klar. Und so sind weitere Gebrauchs- und Missbrauchsmöglichkeiten bei fast allen Technologien denkbar und andere werden erst klar werden, wenn der Missbrauch geschehen ist. Die *dual-use*-Problematik – oder sollten wir besser sagen, die *multi-use*-Problematik – werden wir so schnell nicht los.

Technik als Mittel für freigehaltene Zwecke

Das hat – und nun dürfen wir wieder etwas philosophischer werden – etwas mit der Natur der Technik zu tun.[61] Obwohl dies kein Buch über Technikphilosophie sein soll, kann man sich an der Stelle hartnäckig fragen, warum es keine Technik gibt oder man keine Technik bauen kann, die nur das kann, was sie können soll. Wenn dies möglich wäre, müssten wir erstens bei Konstruktion und Bau festlegen, was ein Gerät tun können soll und was nicht. Bei einem Computer ginge das schon gar nicht, weil man die Menge aller möglichen Algorithmen nicht erfassen kann. Bei einem Schraubenzieher geht das auch nicht, weil man die Situationen nicht absehen kann, in denen ein Gegenstand wie ein Schraubenzieher formschlüssig zur Kraftübertragung verwendet werden kann, z. B. um einen Kronkorken bei einer Bierflasche zu entfernen. Trotzdem werden wir vermuten, dass die

Menge der Anwendungsmöglichkeiten eines Computers diejenigen eines Schraubenziehers bei weitem übersteigt.

Man könnte daher Technik als Herstellung von Mitteln für freigehaltene Zwecke ansehen. Dies ist keine Definition, sondern der Ausdruck einer Erfahrung, dass sich weitere Zwecke oftmals dann einstellen, wenn das Mittel verfügbar ist. Dies ist eine Umkehrung der bekannten Zweck-Mittel-Relation: Der Zweck löst die Suche nach einem geeigneten Mittel aus. Das ist der Idealfall. Darin erschöpft sich Technik aber nicht. Die alltägliche Situation ist eine Mischung aus der Zweck-Mittel-Relation und deren Umkehrung: Wenn man ein Mittel hat, dann fallen einem schon genügend andere Zwecke ein.

Ohne diese Inversion der Zweck-Mittel-Beziehung gäbe es vermutlich nur eine einseitige Technikentwicklung: Wir würden nur das erfinden, entwickeln und bauen, von dem wir glauben, wir bräuchten es. Es gibt aber einen Überschuss der Mittel, der nach Zwecken verlangt, und unerfüllte Wünsche, sprich Zwecke, die nach Mitteln verlangen.

Die Folge hiervon ist ein Trend, der sich in der Technikentwicklung zunehmend abzeichnet und in den zeitgenössischen Informations- und Kommunikationstechnologien einen vorläufigen Höhepunkt gefunden hat, den Trend zur Universalisierung.

Das Schweizer Messer und die Universalisierung

Jugendliche in den 50er und 60er Jahren waren stolz auf ihre Taschenmesser. Das Ansehen stieg proportional zu den ausklappbaren Klingen, Schraubenziehern, Scherchen, Messerchen, kleinen Feilen etc. Je mehr man hatte, umso mehr war man für alle, unvorhersehbaren Fällen gerüstet, sprich für eine möglichst breite Palette von Anwendungen. Das Taschenmesser wurde damit zum Prototyp eines universalen Werkzeugs.

Abb. 24: Das universale Messer schlechthin. (Quelle: Victorinox)

Dieser Trend ist in fast allen Bereichen der technischen Entwicklung zu beobachten. Es gibt noch einen weiteren, sehr allgemeinen Trend in der Technikentwicklung: Ursprünglich getrennt entwickelte Technologielinien wachsen zusammen. Man nennt dies Konvergenz. Sinnfälligstes Beispiel ist die Konvergenz von der bisherigen Nachrichtentechnik (Weiterleitung und Verarbeitung analoger Signale) mit der Rechnertechnik (Verarbeitung digitaler Signale als Daten) zu dem, was man heute Informations- und Kommunikationstechnik nennt (IKT). Der Rechner wird zum Nachrichtenvermittler, jeder Knoten in einem Netz ist letztlich ein Computer, Es gibt natürlich beliebig viele Beispiele für die Konvergenz von Technologien. Man könnte es auch so ausdrücken: Fast jede gegenwärtige Technologie ist die Tochter eines Konvergenzprozesses.

Beide Trends, Universalisierung und Konvergenz, sind bisher beim Computer maximal ausgeprägt: Man kann mit einem Computer alles machen, was formal möglich ist, und man kann ihn in fast allen anderen Technologien einsetzen.

Man findet diese Trends auch in der Entwicklung hin zum tragbaren universalen Kommunikationsgerät: Ein Smart Phone ist auf Bedarf ein Terminkalender, Zettelkasten, ein Anschluss ans Internet, ein Telefon, ein Radio, ein TV-Gerät, ein MP3-Player, eine Spielbox etc. Der Karneval der Apps treibt – auch angeregt durch entsprechende Geschäftsmodelle, die dahinterstecken – manchmal seltsame Blüten. Denn kein Mensch kann, will und wird alle diese Funktionen wirklich vollständig nutzen.

Diese Universalisierung – und damit einhergehend auch ein gewisses Overengineering – hat drei Gründe: Zum einen erlaubt die Durchdringung herkömmlicher Technik mit Informations- und Kommunikationstechnologien (billige Chips, leicht programmierbare universale Bausteine) einen modularen Aufbau der Produkte. Mit den Mikroprozessoren kann man kostengünstig fast alles machen und eingebaut sind sie ohnehin, auch wenn man nur einfache Funktionen realisieren möchte. Zum anderen ermöglicht die Verschiebung der Festlegung der Funktionalität auf die Softwareseite eine explosionsartige Erweiterung der gestalterischen Möglichkeiten. Hinzu kommen immer kleinere Kommunikationseinheiten, die dazu gebraucht werden können, die Produkte miteinander zu verbinden – das Internet der Dinge. Der dritte Grund aber dürfte weniger in der Technik liegen, sondern beim Menschen selbst: Das Verfügenwollen über eine breitfunktionale Technik, auch ihr Besitz, der Stolz darauf, das Bewusstsein, was man alles machen könnte, wenn man nur wollte, und das möglichst viel, ist einer der Treiber dieser Entwicklung. Jugendliche können sich bei Ihresgleichen ohne Smart Phone nicht mehr sehen lassen – und die Kommunikationsformen sind entsprechend.

Autonomie der Technik?

Die Frage bleibt, ob diese Entwicklung zwangsläufig so ist, d. h. ob sie einer gewissen Gesetzmäßigkeit folgt. Entwicklung von Technik kostet viel Geld, der Investor erwartet, dass aus der Invention eine Innovation wird, und er wird dieses Geld nicht zur Verfügung stellen, wenn er einen Flop befürchtet. Andererseits ist die Marktforschung so eine Sache – viele Dinge, von denen man annahm, die Leute würden sie haben wollen, waren ein Flop und aus Befragungen weiß man, dass die Phantasie des Kunden über das, was man eigentlich wollen könnte, nicht so ausgeprägt ist wie die der Entwicklungsingenieure. Also wird man anbieten statt nach erkennbarem Bedarf entwickeln, weil man den Bedarf schlecht abschätzen kann, und durch Werbung den Leuten klarmachen, was sie denn wollen könnten. Das ist mit einem bestimmten Risiko verbunden, funktioniert aber in der Regel ganz gut – man muss sich nur den Markt der Consumer-Elektronik anschauen.

Die Frage wäre also, ob die Entwicklung der Technik sich ausschließlich nach ökonomischen Randbedingungen richtet – wer Technik (und heute sind fast alle Produkte, auch Nahrungsmittel, in einem weiten Sinne technisch) entwickelt, herstellt, verkauft und benutzt, hat Interessen, die sich immer auch ökonomisch formulieren lassen. Oder gibt es noch andere Faktoren?

Not macht erfinderisch und Faulheit war schon oft die Mutter mancher Erfindung. Halten wir etwas spitzfindig Bedarf und Bedürfnis auseinander, wonach Bedarf das ist, wofür Leute zu zahlen bereit sind, während Bedürfnisse der menschlichen Natur entsprechen, dann ist es die Kunst der Werbung, aus einem Bedürfnis ein Bedarf zu machen.

Diese Kunst gelingt aber nicht immer. Ich habe Hunger – dies bestimmt mein Bedürfnis. Ich bin auch bereit, für das Brot beim Bäcker zu bezahlen. Es besteht also Bedarf an Brot. Der Bedarf führt beim Hersteller zur Nachfrage. Hat der Bäcker schon Brot gebacken, kann er die Nachfrage befriedigen. Besteht keine Nachfrage, muss er versuchen, bei Kunden den Bedarf zu wecken. Doch wenn ich kein Geld habe, muss ich mich mit weniger als Brot begnügen, und wenn ich Geld im Überfluss habe, kaufe ich vielleicht Brot, obwohl ich keinen Hunger habe. Dass sich die Preise nach Angebot und Nachfrage richten, gilt nur im Idealfall, wenn aus dem Bedürfnis ein Bedarf und daraus eine Nachfrage entstehen.

Technik ist oft heraus aus Bedürfnissen entstanden, die dann durch diejenigen, die Technik herstellten, zu einem Bedarf verwandelt werden konnten. Oftmals entsteht Technik aber auch durch erst geweckte Bedürfnisse, die dann zum Bedarf gemacht werden können. Dass das Angebot die Nachfrage stimuliert, ist ebenfalls eine typische Inversion der Zweck-Mittel-Beziehung: Das Bedürfnis nach einem Smartphone wurde erst geweckt, nachdem der Kunde die Möglichkeit am schon vorhandenen Produkt erkennen konnte.

Ich möchte hier die These vertreten, dass es keine autonome Entwicklung in der Technik gibt, sozusagen eine Eigengesetzlichkeit, die den Gang der Technikgeschichte bestimmen würde. Es bleibt dabei, man kann nicht gegen die Physik konstruieren, aber die Physik allein gestattet es nicht, die Technik auszurechnen. Es sind unsere menschlichen Möglichkeiten und Interessen, die die technische Entwicklung bestimmen. Das Bild vom Zauberbesen, den der Lehrling nicht mehr beherrscht, weil der Meister ausgegangen ist und das „Passwort" fehlt, führt leider in die Irre: Man kann durchaus eine Technik bauen, die strukturell unbeherrschbar wird, man kann auch eine Weltuntergangsmaschine bauen – aber wir sind durch kein Naturgesetz gezwungen, so etwas zu tun. Wir können allerdings unsere ökonomischen Randbedingungen so gestalten, dass Zwänge entstehen, bestimmte Technologien zu bevorzugen und andere hintanzustellen.

Hätte man das Fördervolumen in Deutschland, das für Entwicklung und später für die erfreuliche Verbesserung der Sicherheit von Kernkraftwerken in den letzten 40 Jahren ausgegeben wurde, zu einem Teil in die Technologien für ökologische Energiegewinnung gesteckt, wären wir längst führende Anbieter solcher Technik, die dann vermutlich kostengünstiger als heute geworden wäre. Es soll hier nicht nachgekartet werden – es soll nur gezeigt werden, dass Entscheidungen darüber, welche technologischen Entwicklungen bevorzugt werden, welche gefördert werden und welche nicht, von kulturellen, politischen und wirtschaftlichen Faktoren abhängen. Es sind also nicht nur die angeblich in den Gesetzen der Technik liegenden Faktoren, denen solche Entwicklungen zwangsläufig unterworfen wären.

Kleine Übung: In seinem Buch „Der Staat“ (Politeia) beschreibt Platon in Dialogform die Entstehung des Staates aus der Arbeitsteilung.[62] Das nachfolgende Zitat ist eine Übersetzung ins Deutsche. Man störe sich nicht an der etwas ungewohnten Sprache – man kann sich mit etwas Geduld gut einlesen. Platon lässt Sokrates (S) mit Adeimantos (A) sprechen, wobei Adeimantos auf die Fragen von Sokrates nur kurz und meist bestätigend antwortet.

„S: So bestände also der notdürftigste Staat aus vier bis fünf Menschen.

A: Offenbar.

S: Wie ist's nun? Soll jeder von diesen seine Arbeit für alle gemeinschaftlich machen, z. B. der Landmann allein für vier Getreide herbeischaffen und die vierfache Zeit und Mühe aufwenden zu Herbeischaffung von Getreide, oder soll er, um sie unbekümmert, für sich allein den vierten Teil dieses Getreides schaffen in dem vierten Teil der Zeit und die drei andern Vierteile das eine zu Anschaffung des Hauses verwenden, das andere zu der eines Kleides, das dritte zu der von Schuhen, und nicht mit der Mitteilung an andere sich bemühen, sondern allein für sich seine Sachen besorgen?

A: Vielleicht, Sokrates, ist es auf die erste Art leichter als auf die letztere.

S: Das ist in der Tat, bei Zeus, nicht auffallend, …; denn ich bin während deiner Worte auf den Gedanken gekommen, dass erstens jeder von uns dem andern von Natur durchaus nicht gleich ist, sondern verschieden in Bezug auf die Anlage, je zu Verrichtung eines anderen Geschäftes. Oder meinst du nicht?

A: O ja.

S: Und dann: wird es einer schöner machen, wenn er, der Einzelne, viele Fertigkeiten übt, oder wenn ein Einzelner nur eine einzige?

A: Wenn einer nur eine einzige übt, ….

S: Nun ist aber auch dies klar, dass, wenn jemand die rechte Zeit für ein Geschäft vorüber lässt, es verdorben ist?

A: Freilich.

S: Denn das Geschäft hat, scheint mir's, keine Lust zu warten, bis der Handelnde Zeit hat, sondern der Handelnde muss dem Geschäfte durchaus nachgehen und darf es nicht als Nebensache behandeln.

A: Notwendig.

S: Hiernach wird also alles mehr und schöner und leichter, wenn es ein Einzelner nach seiner Anlage und zur rechten Zeit verrichtet, alles übrige aber beiseite lässt.

A: Allerdings.

S: So brauchen wir denn, Adeimantos, zu den erwähnten Verrichtungen mehr als vier Gemeindeglieder; denn der Landmann wird sich, wie es scheint, seinen Pflug nicht selbst machen, wenn er gut ausfallen soll, noch einen Spaten oder die übrigen Werkzeuge alle, die zum Landbau gehören. Ebenso auch nicht der Häuserbauer: auch dieser braucht vieles, und der Weber und Schuhmacher gleichfalls: oder nicht?

A: O ja.

S: Es werden also Zimmerleute und Schmiede und viele andere Handwerker dieser Art Genossen unseres kleinen Gemeinwesens werden und es bevölkert machen?

A: Allerdings. …"

Der Dialog geht weiter und Sokrates baut nach und nach einen kompletten Staat mit Militär, Führungspersonal und Technikern und Handwerkern auf.

Sie haben mehrere Möglichkeiten, mit dem Text umzugehen:

- Sie erzählen Ihren Kolleginnen oder Kollegen, was drin steht, mit eigenen Worten.
- Sie übersetzen den Text ins Management-Deutsch
- Sie versuchen herauszubekommen, wo die Arbeitsteilung beginnt und wo sie Unsinn wird. Tipp: Buch besorgen und im Dialog weiterlesen.

11. Wenn die Mittel den Zweck bestimmen

„Wir formen unser Werkzeug, und danach formt unser Werkzeug uns.“
Marshall McLuhan 1994

Kausalität

Die Zweck-Mittel-Beziehung ist aus der Sicht der Technik fundamentaler als die Kausalitätsbeziehung. Die Kausalitätsbeziehung wird in der Wissenschaft verallgemeinert: Immer wenn der Zustand A eintritt, hat er den Zustand B zur Folge. Damit sind zwei Bedeutungen gemeint: Zum einen wird eine zeitliche Folge ausgedrückt, d. h. Kausalitätsbeziehung ist immer eine zeitliche Beziehung, die Wirkung geht der Ursache voraus. Zum andern verschuldet der Zustand A den Zustand B, d. h. er bewirkt ihn. Ist dies wirklich so?

Lassen Sie mich eine kleine Denkübung zur ersten Bedeutung, der zeitlichen Reihenfolge einschieben. Ein schottischer Psychiater machte folgendes Gedankenexperiment, dass sich seine Studierenden vorstellen sollten:

> Die Versuchsperson betritt den Raum, in dem ein geschlossener, zugeklebter Briefumschlag liegt. Ihr wurde vorher zugesichert, dass sie unbeobachtet bliebe, und dass sie auch nach Verlassen des Raumes nicht danach gefragt würde, was sie getan habe. Dann wurde sie instruiert, dass sich in dem Briefumschlag 10 Pfund befinden würden, aber nur dann, wenn sie vor dem Öffnen des Briefumschlags dreimal in die Hände klatschen würde. Würde

der Briefumschlag ohne diese Handlung geöffnet, sei er leider leer. Wenn sich der Betrag im Umschlag befinde, dürfe man den Betrag mit nach Hause nehmen, ohne etwas zu sagen.

Nach dieser gedanklichen Übung mussten die Studierenden auf einem anonymisierten Fragebogen angeben, ob sie in dieser Situation in die Hände geklatscht hätten. Der Prozentsatz, der mit „Ja“ antwortete, soll über 50 % gelegen haben. Das bedeutet zweierlei: Erstens ist es mit unserer Überzeugung, alles Geschehen dieser Welt spiele sich nach dem Ursache-Wirkungsschema in streng zeitlicher Reihenfolge ab, gar nicht so weit her ist, wenn ein Vorteil winkt, und zweitens geben wir das ungern zu, weil das Diktat der Vernunft eben auch eine soziale Komponente hat.

Die zweite Bedeutung des Ausdrucks „zur Folge“ liegt in der Verursachung selbst, die Ursache bewirkt die Wirkung. Das wird nach der Erkenntnis von Francis Bacon dazu benutzt, sich die Natur dienstbar zu machen: Wenn die Beziehung zwischen Ursache und Wirkung immer gegeben ist, dann muss man ja nur versuchen, die Ursache zu bewerkstelligen, wenn man die Wirkung will.[63]

Das Problem ist jedoch, dass man diesen idealisierten Schritt, der zu einer Funktionsvermutung führt, meistens gar nicht geht, sondern dass man auf die Erfahrung zurückgreift, dass dieses und jenes Mittel am besten für den und den Zweck taugt, ohne sich um eine lückenlose Kette von Ursache und Wirkung kümmern zu müssen. Die Techniker und Handwerker sind bis zur Entstehung der wissenschaftlichen Methode im modernen Sinne, also bis Galileo Galilei (1564–1641), meistens so vorgegangen.

Freilich waren es viele Vermutungen über Kausalbeziehungen, die später als Naturgesetze einen bestimmten Gewissheitsanspruch in den Wissenschaften erlangten. Hier war es der umgekehrte Schluss: Es wird nicht von der Kausalität auf eine Möglichkeit zur Bemächtigung eines Prozesses geschlossen, sondern von der positiven Erfahrung, was man alles machen kann, auf dahinterliegende Kausalitätsbeziehung als Natur der Natur geschlossen. Das setzt natürlich voraus, dass man eine von uns unabhängige Wirklichkeit annimmt, die zu erkennen schrittweise immer besser, wenn auch nie vollständig, möglich wäre.

Das geht damit doch auch …

Kausalität ist also so eine Sache – wir benutzen sie, aber wir sind uns im Alltag, wenn es uns nicht so richtig passt, ihrer gar nicht so gewiss. Und so ist es mit dem praktischen Abbild der Kausalrelation, der Zweck-Mittel-Beziehung. Denn sie ist ebenfalls nicht eindeutig. Man kann für einen Zweck mehrere Mittel und Wege finden, und wenn ein Mittel oder ein Instrument einmal verfügbar ist, dann finden sich auch noch andere Zwecke als im Sinne des Erfinders. Der Mensch ist eben erfinderisch nach beiden Seiten.

Zunächst geht es um den sog. *dual-use* im politischen Sinne, dass man eben Erfindungen und Entwicklungen sowohl für zivile wie für militärische Zwecke einsetzen kann und Forschungsergebnisse zu segensreichen Einrichtungen oder zu Massenvernichtungswaffen führen können. Die Einsicht, dass es immer mehrere Seiten einer Nutzung geben kann, leistete der Illusion Vorschub, Naturwissenschaft und Technik könnten an sich wertneutral sein, es komme immer nur auf den Menschen an, was er daraus mache.

Hierzu einer kleiner Exkurs in den Kalten Krieg: Die Atombombe, in der Hand eines freiheitlichen demokratischen Staates, könne zur Abschreckung dienen und so nach dem Motto: „Wer als erster schießt, stirbt als zweiter“ mit einer gesicherten Zweitschlagskapazität eben den mörderischen Einsatz solcher Waffen verhindern. Die Geschichte hat uns seit 1945 gezeigt, dass diese Waffe zweimal eingesetzt wurde und danach bis jetzt nie wieder, sodass die Abschreckung, auch wenn manchmal nahe am Rande einer Katastrophe durch Fehleinschätzungen und technische Fehler, offenbar bis jetzt funktioniert hat. Allerdings um welchen Preis: Heute verfügen neun Staaten mit höchst unterschiedlichen Interessen über schätzungsweise insgesamt 16400 einsatzbereite nukleare Gefechtsköpfe; dies entspricht immer noch in etwa einer Sprengkraft von 0,7 Tonnen TNT pro Kopf der Weltbevölkerung![64] Die Welt ist nach 1989 also keineswegs sicherer geworden, aber wir sehen die großen Blöcke Ost und West, die beiden Skorpione, die vernichtungsbereit gegenüber in einer Flasche sitzen, nicht mehr. Es sind neun Skorpione geworden.

Zurück zur „Küchenmesser-Philosophie“: Man kann mit einem Messer Brot schneiden, Fingernägel reinigen, Menschen erstechen oder Schrauben festdrehen. Ist der Messerhersteller für all das potenziell verantwortlich? Ist ein Messer an sich böse, weil man solche Dinge damit manchen kann? Interessanterweise darf man in Deutschland keine Schusswaffe mit sich führen, wenn man keinen Waffenschein und eine entsprechende Erlaubnis hat. Das ist einsehbar. Man darf übrigens auch kein Messer mit sich führen, dessen Klinge länger als 12 cm misst und das damit als Hieb- und Stichwaffe definierbar ist. Das bedeutet, dass bereits der Besitz oder das Mit-sich-Führen strafbar ist, weil sich hier ein potenzieller, aber unerwünschter Zweck ziemlich eindeutig aus der Bauweise ergibt.[65] Der Zweck, den ein Artefakt erfüllen soll (im Sinne des Herstellers oder Erfinders) oder auch tatsächlich erfüllen kann (in der Praxis des Nutzers), ist selbstverständlich Gegenstand möglicher moralischer Beurteilung. Diese moralische Beurteilung strahlt auf das Mittel aus. Aber der Zweck heiligt weder die Mittel noch macht er sie moralisch obsolet. Die verwendeten Mittel stehen aber in einem Handlungszusammenhang, der sich von ihren ursprünglichen oder zusätzlich gefundenen Zweck nicht trennen lässt. Der Handlungszusammenhang ist Gegenstand der moralischen Beurteilung und der Handlungszusammenhang ist von der Technik, die er benutzt, nicht zu trennen, ebenso wenig wie die Technik aus dem Handlungszusammenhang zu lösen ist, in dem sie eingesetzt werden könnte. Auch Massenvernichtungswaffen haben eine organisatorische Hülle, also all das, was man braucht, um sie einsatzfähig zu halten und anwenden zu können.

Wir sind für unsere eigenen Handlungen verantwortlich und wenn es sich zeigt, dass Mittel zu Handlungen bei anderen Menschen führen, die wir nicht verantworten können, dann müssen wir uns überlegen, ob wir nicht auf der Ebene der Mittel eingreifen müssen, wenn wir es können. Wir legen ja auch keine geladene Kinderpistole in den Kindergarten und nennen dies ein neutrales Werkzeug – mal sehen, ob die Kinder damit moralisch umgehen können. Ebenso unverantwortlich erschien es vielen Menschen deshalb, einer Hegemonialmacht wie der USA und sei sie eine Demokratie, eine solche Massenvernichtungswaffe zu entwickeln und zur Verfügung zu stellen. Denn auch Klaus Fuchs, der deutsche Spion, der die Konstruktionspläne aus dem Entwicklungslabors des Manhattanprojekts an das entsprechende Gegen-Projekt in der Sowjetunion verriet und so das Wettrüsten, wenn nicht in Gang setzte, so doch beschleunigte, nahm für sich ethische Argumente in Anspruch: Ein einziges Land dürfe niemals über eine solche dominierende Macht verfügen.

Wir könnten es aber auch von der positiven Seite sehen: Militärische Forschung hatte zuweilen einen – vielfach überschätzten – *spin-off*-Effekt, d.h. dass sich Ergebnisse militärscher Forschung dann auch für zivile Zwecke eignen. Viele unserer Schlüsselerfindungen der Informations- und Kommunikationstechnik sind Kinder des Kriegs und des Kalten Krieges. Das mag zwar mancher Ingenieur heute nicht mehr hören, doch die Technikgeschichte ist hier eindeutig. Sollen wir deshalb heute Radar, Düsenantrieb, Verschlüsselungstechnologien, Internet und anderes nicht nutzen dürfen?

Der zivile Zweig, die friedliche Nutzung der Kernenergie, war bis in die 60er Jahre wenig kontrovers in der Öffentlichkeit, viele Wissenschaftler bejahen die Notwendigkeit dieser Energieform bis heute. Die Kontroverse, die erst Ende der 60er Jahre in Deutschland aufkam, entzündete sich an veränderten Risikoeinschätzungen der jeweils betroffenen Anwohner im Hinblick auf Strahlenbelastungen, potenzielle Havarien und unbeherrschbare Ereignissen wie Terrorangriff oder Flugzeugabsturz. Weiterhin wurde die potenzielle technische Nähe der friedlichen Reaktortechnik zur Herstellungsmöglichkeit von waffenfähigem Material skeptisch eingeschätzt. Von der Akzeptanz des *dual-use* der Nachkriegszeit mit Beschwörung der Verantwortung für den Nichteinsatz zu militärischen Zwecken entwickelte sich die Ablehnung dieser Technologie wegen der *dual-use*-Möglichkeit: Wenn ein Zweck nicht akzeptiert wird, dann wird das Mittel, auch wenn es noch anderen akzeptablen Zwecken dienen könnte, verworfen. Bleibt noch zu vermerken, dass es nicht diese moralische Argumentation war, die zu einem Ausstieg aus der Kernenergie geführt hat, sondern veränderte Risikoeinschätzungen nach den beiden großen Havarien in Tschernobyl und Fukushima sowie wirtschaftliche und politische Überlegungen.

Technik erzeugt Technik

Die Umkehrung der Zweck-Mittel-Beziehung, wonach die Mittel auch die Zwecke bestimmen, ist ein kaum zu überschätzendes Antriebsmoment der technischen Entwicklung und einer der entscheidenden Faktoren für die wachsende Komplexität unserer Zivilisation. Das hat manche Denker dazu gebracht, in der Technik eine autonome Entwicklung zu sehen, die man nicht mehr übersehen, geschweige denn steuern könnte. Damit sei Technik unser Schicksal, das eben über uns komme und gegen das wir nichts unternehmen könnten. Denn es stimmt ja, die Vielfältigkeit z. B. der Zwecke, für die man einen Computer einsetzen kann, oder die Funktionalitäten, die das Internet noch übernehmen wird, wenn es noch schneller wird und noch mehr Kapazität aufweisen wird, sind nicht absehbar.

Ein radikaler Ausläufer dieses Denkens ist die These von Ray Kurzweil und anderen Vordenkern und Pionieren der Künstlichen Intelligenz, wonach die Technik den Menschen irgendwann nicht mehr brauche und Roboter und denkende Maschinen die Macht übernehmen würden.[66] Der Zusammenhang, weshalb dies als möglich gedacht wird, ist folgender: Wenn Technik durch ihr Vorhandensein die Menschen neue Zwecke suchen und finden lässt, kann dieser Suchprozess nach und nach auch durch die Technik selbst ersetzt werden, wenn Automatisierung und Entscheidungsersetzung immer weiter voranschreiten. Dann sucht sich die Technik ihre Zwecke selbst aus und wird zum Selbstzweck, dem wir nichts mehr entgegensetzen können. Zurzeit haben Bücher Hochkonjunktur, die energisch fordern, der Automatisierung, der Beschleunigung der wirtschaftlichen Prozesse bis in den Millisekundenbereich (Hochfrequenzhandel), der Roboterisierung unseres Alltags und der Vernetzung von allem mit allem entgegenzutreten. Dahinter steckt die Furcht vor einer Autonomisierung der technischen Entwicklung, die dann zwangsweise Veränderungen in der Organisationsform und damit in den Strukturen der Gesellschaft zur Folge haben müssten.

Nun ist es richtig, dass Technik Technik erzeugt, und zwar in dem Sinne, dass wir zur Konstruktion von technischen Geräten wiederum technische Geräte wie CAD etc. benutzen, aber das ist trivial, weil wir schon immer Werkzeuge benutzt haben, um Werkzeuge herzustellen, die Technik herstellt. Und die Automatisierung dieses Prozesses ist nicht erst seit den 60er Jahren im Gange.

In dieser Richtung führt die Argumentation aber nicht viel weiter. Jeder uns von der Technik anscheinend selbst gesetzte Zweck ist Ausdruck eines konkreten Interesses. Selbst wenn wir die Entwicklung der Bedienung eines Automaten automatisieren, steht am Anfang ein Modell, dass diese Funktion als eine gewollte Funktion enthält, und hinter dem Modell steht ein Autor, der es entworfen hat und damit Interessen hat. Deshalb ist Technik nicht wertfrei, weil der, der sie erfindet, entwickelt, herstellt, verkauft, betreibt und hoffentlich auch wieder entsorgt, Interessen hat. Diese Interessen können, müssen nicht unbedingt rein ökonomischer Natur sein.[67]

Die Globalisierung hat die Wechselwirkung zwischen den wirtschaftlichen, politischen und kulturellen Prozessen, aber auch zwischen den Prozessen der Entwicklung und Herstellung von Technologie so verstärkt, dass es kaum mehr eine typisch nur nationale technische Entwicklung gibt. Alles greift ineinander, man muss sich nur die Herstellerliste all der Komponenten eines Pkw (mehr als 6000 Teile) ansehen oder die Adressen der Entwicklungsbüros, die rund um den Globus 24 Stunden verteilt z. B. an einen biologischen Wirkstoff arbeiten. Diese engere Wechselwirkung koppelt auch die Interessen der

Beteiligten enger aneinander und macht sie volatiler, d.h. sie verändern sich rascher als früher. Daraus entsteht eine Unübersichtlichkeit, die man nicht mit einer zunehmenden, zu beklagenden rätselhaften Komplexität der modernen Welt verwechseln sollte. Auch hinter den engen Kopplungen stehen Interessen – Politik und Wirtschaft haben das so gewollt, weil Strukturen ohne starke Beschränkungen ökonomisch leichter zu optimieren sind als andere.

Politik und Wirtschaft haben deshalb 1971 in der Aufhebung der Beschlüsse von Bretton-Woods, die feste Wechselkurse vorsahen, die Schranken, die die Flüsse von Information, Geld und Waren begrenzten, niedergerissen, weil sie sich Vorteile, Wohlstand und die bessere Erfüllung von Interessen versprachen. Damit wurde die internationale Mobilität des Kapitals gigantisch gesteigert. Als Nebeneffekt dieser Globalsierung tritt nun auch die Entwicklung der Technik einschließlich ihrer marktlichen Durchsetzung als eng gekoppelt und beschleunigt mit den Kapitalbewegungen auf, aber das bedeutet noch lange nicht, dass Technik so sein muss, wie sie gerade ist.

Technik erzeugt Technik im Sinne einer Beschleunigung, das ist richtig, aber eine Ersetzung des Menschen durch die Technik sehe ich deshalb nicht als zwangsläufig an. Es ist zwar eine Illusion zu glauben, man könne die technische Entwicklung voraussagen oder gar im Einzelnen steuern, aber eine vernünftige Politik kann Rahmenbedingungen schaffen. Wenn es um Verbote von Pistolen und Messern geht, kann man den Vorwurf des Paternalismus, also der „väterlichen Bevormundung“ durch den Gesetzgeber, leicht verschmerzen. Wenn es hingegen um das Internet, unsere Konsumgewohnheiten, Umwelt, Energie und Rohstoffe geht, wird man um weltweite Regelungen nicht herumkommen. Eigeninteressen, die immer noch hoch gehaltene Souveränität der Nationalstaaten und deren Egoismen sowie der Glaube an die Märkte werden die Durchsetzung solcher Regelungen zu unterlaufen versuchen.

Gibt es eine Technik, die man nicht missbrauchen kann?

Wie gesagt – man kann nicht alles wissen und voraussagen. Wenn man Technik als Schaffen von Mittel für freigehaltene Zwecke ansieht, dann kann man wegen der Unübersehbarkeit der Zwecke auch nicht jeden Missbrauch voraussehen. Das bedeutet aber nicht, dass man da, wo man Missbrauch vermuten kann, vielleicht stärker auf der Hut sein sollte, als man das früher mit der Illusion der Neutralität der Technik meinte, sein zu müssen.

Dass es dereinst Computerviren geben würde, hatte John von Neumann (1903–1957), dem wir neben Konrad Zuse (1910–1995) mehr oder weniger die heutige Architektur unserer Computer verdanken, nicht im Sinn, als er 1949 über die Theorie der selbstreproduzierenden Automaten nachdachte. Der erste Wurm sollte 1982 am Xerox Alto Research Center ursprünglich als Programm bei einem Problem des verteilten Rechnens helfen, geriet aber dann durch einen Programmierfehler außer Kontrolle und legte das System lahm. Ein Jahr später stellte der Doktorand Fred Cohen den ersten funktionsfähigen Virus im heutigen Sinne vor. Man kann sich natürlich fragen, welche Motivation hinter der Produktion von Viren, Würmern und anderen Schädlingen steckt, die jährlich Millionenschäden verursachen und ganz neue Geschäftszweige haben entstehen lassen. In der Informatik werden die Stichworte genannt wie: Männlicher Nerd mit ausgeprägten Macht- und Omnipotenzvorstellungen, der die Reichweite seines Könnens aus der Anonymität heraus testen will, vielleicht auch mit einem gewissen Geltungsdrang in einer Szene. Diese Viren, die aus solchen Beweggründen entstehen, sind meist harmlos; Sabotage, Rache, Erpressung als Motivation haben meist echte Schädlinge im Gefolge, von den „Waffen" eines Cyberwars ganz zu schweigen. Da spielen dann auch Wahnvorstellungen eine Rolle, wie der folgende Ausriss in Abbildung 25 zeigt: [68]

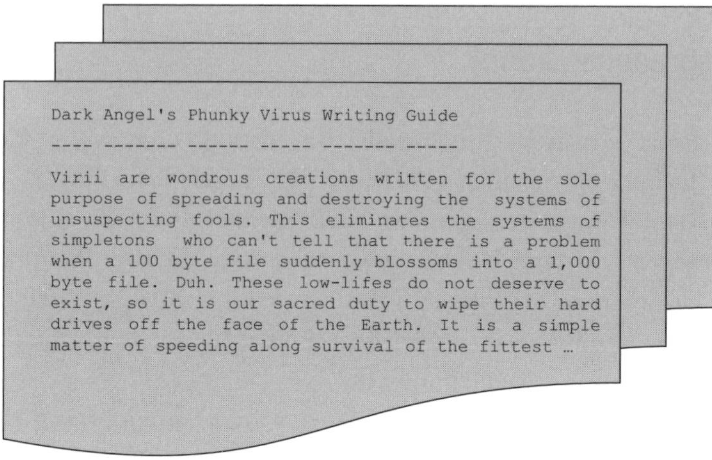

```
Dark Angel's Phunky Virus Writing Guide
---- ------- ------ ----- ------- -----
Virii are wondrous creations written for the sole
purpose of spreading and destroying the  systems of
unsuspecting fools. This eliminates the systems of
simpletons  who can't tell that there is a problem
when a 100 byte file suddenly blossoms into a 1,000
byte file. Duh. These low-lifes do not deserve to
exist, so it is our sacred duty to wipe their hard
drives off the face of the Earth. It is a simple
matter of speeding along survival of the fittest ...
```

Abb. 25: Aus einem Aufruf, Viren zu schreiben

Der Begriff „missbrauchen" ist hier unklar: Die Herstellung von Computerviren und -würmer und anderen Schädlingen ist zwar ein Missbrauch der Erkenntnisse der Programmierkunst, aber ihr Gebrauch ist kein Missbrauch, sondern eine Straftat. Denn sie werden ja im Sinne des Herstellers eingesetzt, wie Waffen, schlimmer noch – denn Waffen kann man zur Abschreckung verwenden, ohne sie gleich einzusetzen.

Um die Frage in der Überschrift zu klären: Missbrauch ist nie auszuschließen ebenso wenig wie zweckentfremdeter Einsatz oder die Erfindung neuer Zwecke. Das heißt aber nicht, dass man Folgen des Einsatzes einer vorhandenen, geplanten oder angedachten Technik nicht bedenken sollte und auch auf mögliche Missbrauchsmöglichkeiten abklopfen sollte. Wir können die Technikentwicklung nicht vorhersagen, aber wir können uns Technikzukünfte, also mehrere mögliche Szenarien, vorstellen. Technikfolgenabschätzung kann nur in sehr begrenztem Umfang Vorhersagen machen, aber sie kann das Spektrum möglicher Folgen aufbereiten und zur Diskussion stellen. Der Entsicherungshebel an der Pistole wie das Passwort oder die Verschlüsselung sind vorbeugende Maßnahmen gegen unbeabsichtigten oder unbefugten Gebrauch, die aus einem Vorausdenken von Gebrauchs- und Missbrauchsmöglichkeiten entstanden sind. Solche Sicherungshebel würde man sich auch bei manch anderen Technologien wünschen.

Mehr noch – Katstrophen kommen vor, Fehler werden begangen, wo Missbrauchsmöglichkeiten vorhanden sind, werden sie über kurz oder lang ausgenutzt. Deshalb sollte man darauf achten dass man eine Technik auch zurücknehmen, zurückbauen kann – die Forderung nach einer reversiblen Technik, schon bei deren Gestaltung. Sie ist freilich naiv, wenn wir die Verkopplung von allem mit allem betrachten – dann lässt sich nichts mehr herauslösen, ohne das Ganze nicht unübersehbaren Wirkungen auszusetzen. Ob wir schon soweit sind? Die Schwierigkeiten, im Energiesektor unsere Technologien gemäß der Ziele der Energiewende so umzubauen, dass weder die Wirtschaft noch die Gesamtversorgung beeinträchtigt werden, sind immens, weil nicht nur unsere Technologien samt deren organisatorischen Hüllen, sondern auch die Interessen der daran Beteiligten eng miteinander verwoben sind. Kurzfristig wird es daher immer Verlierer und Gewinner geben, wenn man Technologien aufgrund geänderter Bewertungskriterien zurücknimmt oder umbaut.

Es ist ein beliebter Vorwurf – Argumente, die nicht in das eigene Interessenschema passen, als Ideologie zu verunglimpfen. Was der Begriff im Laufe der Jahrhunderte bedeutet hat, kann man selbst nachlesen – im Kontext dieser solcher Auseinandersetzung meint er, dass politische und moralische Überzeugungen statt Sachargumente oder wirtschaftlicher Erwägungen eine dominante Rolle bei einer Argumentation spielen würden. Es geht aber um Zwecke und unterschiedliche Interessen. Technik ist ohne organisatorische Hülle nicht verstehbar und in ihr spielen eben die institutionellen Tatsachen wie Verhandeln, Vertrauen, Verträge und ökonomische Bewertungen eine Rolle. Diese sind eben keine Naturgesetze.

Kleine Übung: Sicherheitstechnik ist dazu da, Missbrauch von Technologie, unbefugte Verwendung, Fehlbedienung oder auch unbeabsichtigte Folgen des Gebrauchs zu verhindern. Da man jede Technik potenziell missbrauchen kann, kann man auch Sicherheitstechnik missbrauchen. Welcher Missbrauch wäre denkbar bei folgenden Technologien:

a) Mechanisches Schlüssel-Schloss-System

b) Redundanz in Kanälen zur Nachrichtenübertragung

c) Verschlüsselung von E-Mail Nachrichten

d) ABS-System bei Pkws

12. Die Technik würde schon funktionieren, aber die Organisation ...

Ohne Stromrechnung kein kühles Bier

Die Geschichte der Kühlungstechnik ist auch eine Geschichte unser Verbrauchsgewohnheiten und unserer Lebensmitteltechnologie. Die Möglichkeit zur Kühlung hat die Geschäftsmodelle der Landwirtschaft und des Lebensmitteltransports ebenso verändert wie unsere Gastronomie und Esskultur. Kühlungstechnik basiert auf den Erkenntnissen der Thermodynamik, geht aber über sie hinaus, insbesondere hat der motorisierte Pumpenantrieb die Kühlungstechnik miniaturisiert und damit jedermann zugänglich gemacht. Soweit die Technik. Für die Pumpe braucht man Energie und in unserer Weise des Wirtschaftens muss man für jede Energieform bezahlen; Energie ist eine Ware, gleichgültig, ob es sich um elektrische Energie oder Energieträger wie Gas, Benzin etc. handelt.

Ein Kühlschrank kann aber seine technische Funktionalität nicht entfalten, wenn diese Ware Energie, sagen wir hier die Stromrechnung, nicht bezahlt worden ist. Nun könnten wir sagen, dass die Energiebereitstellung, also Stromnetz, Generator, Turbine, Kraftwerk, Primärenergiemanagement oder Proliferation von Energieträgern mit zum technischen System des Kühlschranks dazu gehöre. Diese Sichtweise schiebt die Systemgrenze zwar nach außen, ändert aber nichts an der Feststellung, dass spätestens die Energiebereitstellung eine erhebliche Organisation von weiterer Technik und Energieressourcen voraussetzt. Dies gilt sogar, wenn Energie eine Allmende, also ein durch das Gemeinwesen bereitgestelltes allgemeines verfügbares Gut wäre. Ohne Bezahlung kein Zugang zur Energiebereitstellung, ohne Organisation, wie auch immer, keine Energiebereitstellung und damit kein kühles Bier.

Man sieht es am Auto noch deutlicher: Ohne die Ko-Systeme wie Straßenverkehrsordnung samt den Institutionen, die sie durchsetzen müssen, Proliferation von Ersatzteilen und Reifen, Reparaturwerkstätten, ohne Straßenbau, ohne Ausbildung zum Führerschein, ohne Einrichtungen zur Beschaffung von Öl und Herstellung von Kraftstoffen, ohne Programmierung bleibt noch der beste Bolide Marke „Technologieträger" ein netter Haufen von Blech, Glas, Elektronik und Kunststoff, mit dem man nicht mehr von A nach B fahren kann. In Ecuador sah ich 1978 in einer Bucht nahe der Traumstraße der Welt, der Panamericana, 60 Traktoren, die als Gabe der Entwicklungshilfe friedlich vor sich hin rosteten, weil man vergessen hatte, ein Netz von Wartungs- und Reparaturwerkstätten mit aufzubauen.

Man kann das für viele Technologien durchspielen und sieht, dass es bestimmter organisatorischer Bedingungen bedarf, damit die vom Erbauer gedachte Funktion sich entfalten kann. Wir wollen an dieser Stelle diese Bedingungen und Ko-Systeme die organisatorische Hülle einer Technik nennen. Wenn sie nicht intakt ist, funktioniert auch die Technik nicht, ihre Fehler verstärken oftmals die technischen Fehler sowie Technik organisatorische Fehler verstärken kann und Katastrophen nehmen meist in Fehlern der organisatorischen Hülle ihren Ausgang.

Nun könnte man daran gehen und vermuten, dass sich eine gute Theorie der Organisation entwickeln ließe und mit einer solchen Theorie könnte man die organisatorische Hülle verbessern, ebenso wie man mit einer guten technologischen Theorie Technik verbessern kann. Das missliche an der Situation ist, dass es keine gute Theorie der Organisation gibt – wir sprechen hier von einer Theorie, die Ablauf und Aufbauorganisation gleichermaßen beinhaltet. Wir können bestehende Organisationen zwar beschreiben, in Form von Prozessen (Ablauf – oder Vorranggraph) und Strukturen (z. B. Hierarchien), aber wir haben keine Mittel, die Wechselwirkung zwischen beiden auch in ihrer Dynamik zu beschreiben, und so behilft man sich mit Intuition und phänomenologischen Ansätzen.

Man kommt dem Problem erst dann auf die Spur, wenn man erkennt, dass wir es – wie schon weiter oben erwähnt – in der Technik mit einer engen Mischung aus natürlichen Tatsachen und institutionellen Tatsachen zu tun haben. Dass aus der Steckdose Strom fließt, wenn ich mein Gerät einschalte, ist eine natürliche Tatsache. Dass der Strom gesperrt worden ist, weil ich meine Rechnung nicht bezahlt habe, ist eine institutionelle Tatsache, denn sie setzt nichts Physikalisches voraus, sondern einen menschliche Kommunikationsakt mit einer ebenfalls menschlichen Einrichtung, einer Institution, die auf bestimmten Regeln aufgebaut ist, die wiederum von Menschen festgelegt worden sind und auch anders aussehen könnten.

In der organisatorischen Hülle hat man es überwiegend mit institutionellen Tatsachen zu tun. Dazu gehören auch wirtschaftliche Bedingungen, da die Weise zu wirtschaften nicht von Naturgesetzen abhängt, sondern von Übereinkommen zwischen Menschen. Wirtschaftliche Einsichten wie Marktmechanismen sind keine Naturgesetze, sondern Konsequenzen aus Setzungen und Festlegungen sowie idealisierten Annahmen über das menschliche Verhalten. Zu den institutionellen Tatsachen gehören auch die juristischen Gesetze, die unser Zusammenleben regeln ebenso wie Verordnungen, Sicherheitsvorschriften, Pflichtenhefte etc. Sie alle sind kontingent, d. h. sie müssen nicht so sein, sie könnten auch anderes sein. Sie sind von Menschen gemacht …

Wie die Organisation die Technik bestimmt

Und in der Tat bestimmt die Organisation die Technik weitaus stärker, als wir uns das normalerweise vorstellen. Es sind nicht nur wirtschaftliche Bedingungen und gesetzliche Regelungen, Standards und Normen – letztere sind zuweilen reine Machtfragen, die die konkrete Gestaltung von Technik beeinflussen, sondern es sind auch von der organisatorischen Hülle ausgehende Traditionen wie Konstruktionsstile, Schulen, auch Stil- und Geschmacksfragen bis hin zu ästhetischen Fragen, die Aussehen und Funktion von Technik bestimmen.

Kundenwünsche sind, lässt man einmal den Investionsgüterbereich außen vor, ein Ergebnis von kultureller Prägung, von Modeströmungen, von Werbung und von medialen Einflüssen – sie gehen aus von Bedürfnissen und werden durch diese Faktoren zu einem Bedarf geformt und damit bei genügend Kaufkraft zur Nachfrage. Dabei spielen auch Prestigedenken, Statussymbole und dergleichen eine Rolle: Die Vielfalt von Funktionen eines Smartphones sind heute ein Muss, auch wenn man lange nicht alle Apps nutzen wird, weil man sie gar nicht übersieht. Der Wunsch nach bestimmten Karosserieformen stellt die Autobauer vor die Aufgabe, einen Kompromiss zwischen Zeitgeist und optimalem cw-Wert zu finden. Die politischen Vorgaben der Energiewende und des derzeitigen Energieeinspeisungsgesetzes fördern die Entwicklung von Technologielinien, die man früher für unprofitabel hielt – und diese Profitabilitätsrechnung hängt wiederum von den Interessen und den jeweiligen Geschäftsmodellen ab, untere deren Regime eine Technik entwickelt, hergestellt und betrieben wird.

Freilich sind Geschäftsmodelle auf der mikroökonomischen Ebene von enormer Wichtigkeit. Vielfach wird beim Entwurf von künftigen Technologien danach gefragt, welche Geschäftsmodelle eine vielversprechende Verwendung einer solchen Technologie überhaupt erlauben. Hier kommen wieder die vielfältigen und ja durchaus legitimen Interessen der Beteiligten zur Geltung, ohne die es keine Weiterentwicklung von Technik gäbe.

Was die Technik verändert

Allerdings kann Technik auch organisatorische Fehler verstärken. So bildet der Fahrkartenautomat der Bahn ein viel zu kompliziertes Preissystem – das eigentlich aus den Hexenküchen der Gewinnoptimierung der Airlines stammt – auf eine Bedieneroberfläche ab, die zu verstehen man bereits schon Helfer für den Bahn-Kunden einsetzen musste. Nicht nur die Bedieneroberfläche ist herzlich schlecht, weil nicht selbsterklärend, sondern der Kunde soll zu bestimmten Angeboten oder Varianten geführt werden, damit man weniger ausgelastete Züge besser belegen kann.

Die Einführung des Computers in den betrieblichen Alltag in den 80er Jahren hat unsere Arbeitswelt positiv verändert, sie hat aber auch vielfach gezeigt, dass viele Prozesse unnötig kompliziert strukturiert waren, dass es organisatorische Nischen gab, die vorher selten ausgeleuchtet werden, mit Doppelbesetzungen, unnötigen Hierarchien und dergleichen. Hier hat der Computer mit seinem Zwang zur Formalisierung gewaltig aufgeräumt; denn jeder organisatorische Prozess, der durch den Computer unterstützt werden soll, muss klar und formal dargestellt werden können.

Ein fast anekdotisches Beispiel, das aus der Vergangenheit gewählt ist, um niemanden nahezutreten: Im Bahnhof einer deutschen Großstadt bildeten sich nach der EDV-Einführung vor dem Kontrollschalter lange Schlangen von Kunden. Offensichtlich dauerte der Vorgang der Kartenausgabe länger als bisher im manuell-mechanischem Betrieb. Eine Beobachtung der Arbeitsinhalte des Vorgangs der Kartenausgabe durch meine Kollegin aus der Informatik lieferte folgende Schritte:

- Mündliche Entgegennahme des gewünschten Ziels
- Eingabe eines vierstelligen numerischen Codes für den Ausgangsbahnhof (in der Regel der Standort des Gerätes)
- Prompting des Geräts: Ausgangsbahnhof im Klartext
- Eingabe eines weiteren vierstelligen Codes für den Zielbahnhof
- Prompting des Geräts: Zielbahnhof im Klartext

- Befehl zum Ausdrucken des Fahrscheins (mit Spezifikation wie Klasse, Reservierungswünsche etc.)
- Ausdruck des Fahrcheins mit Preisangabe
- Aushändigen des Fahrscheins, Entgegennehmen der Zahlung, ggf. mit Karte

Der Umstand, dass man als Normeinstellung (Default) zu 99 % der Fälle den Ausgangsbahnhof (gleich dem Standortbahnhof des lokalen Rechners) nehmen könnte, war bei der Gestaltung der Bedieneroberfläche nicht berücksichtigt worden. Eine weitere Nachfrage ergab, dass die Eingabe per vierstelligem numerischen Code von der an der Systemgestaltung beteiligten Personalvertretung ausdrücklich gewünscht worden war, weil innerhalb der Mitarbeiter im Schalterbereich das Auswendigkennen des Städtecodes als Qualifikationskriterium galt, das den „Youngster" vom „alten Fuchs" unterscheidet. Dieses Unterscheidungsmerkmal sollte auch auf der neuen Bedieneroberfläche abgebildet werden. Gerade diese, von den Betroffenen gewünschte Funktionalität führte dann zu einer erheblichen Verlängerung des gesamten Vorgangs.[69]

Neben der Fehlerverstärkung, über die man, wenn sie behoben ist, herzlich lachen kann, hatten die Informatisierung der Technik und der Gebrauch des Computers noch eine andere Kehrseite und hat sie heute noch. Es ist das falsche Vertrauen in die „Macht der Computer und die Ohnmacht der Vernunft", wie Josef Weizenbaum, ein Computerpionier am hoch renommierten Massachusetts Institut of Technology (MIT) sein kritisches Buch nannte.[70] Sein Ausgangspunkt war ein vergleichsweise einfach geschriebenes Programm, das es gestattete, einen Dialog mit einem fiktiven Psychiater zu führen. Der Effekt war, dass beispielsweise die Sekretärin Weizenbaums ihren Chef immer bat, sich „ungestört" mit dem Programm „ELIZA" unterhalten zu können. Die Suggestion, der Computer „verstehe" das alles und was er nicht könne, das gehe auch nicht, macht den Computer nicht etwa menschlicher, sondern vermenschlicht ihn auf falsche und fatale Weise.

Das Programm wurde von den Kollegen Weizenbaums am MIT

allerdings massiv missverstanden: So glaubten einige Psychiater, dass man es als klinisches Werkzeug und Therapeutenersatz weiterentwickeln könnte. Weizenbaum war geschockt:

„Was muss ein Psychiater mit solchen Vorstellungen für eine Auffassung haben, was er in der Behandlung eines Patienten eigentlich tut, wenn er in seinen Augen die einfachste mechanische Parodie einer einzelnen Interviewtechnik das ganze Wesen einer menschlichen Beziehung erfasst hat.“[71]

Menschenbilder

„Technische Innovationen verändern – oft gleichsam hinter unserem Rücken, manchmal sogar gegen unsere Absichten – das Denken und über das Denken die Grundlagen der menschlichen Existenz.“[72]

Was ist der Mensch? Diese vierte Frage von Immanuel Kant ist wohl die schwierigste, die drei anderen, die er stellte: „Was können wir wissen?“, „Was sollen wir tun?“ und „Worauf können wir hoffen?“ stehen in enger Beziehung zu den philosophischen Grunddisziplinen Erkenntnistheorie, Ethik und Metaphysik.[73] Die vierte Frage wird in der Philosophischen Anthropologie behandelt, also der philosophischen Lehre vom Menschen.

Warum diese Frage nochmals an dieser Stelle? Weil Organisationen Menschenwerk sind, und Organisationen Menschen formen. Wir leben in Organisationen. Das tun Tiere auch, aber nicht in solchen, die sie selbst gestalten können. Diese Gestaltungsmöglichkeiten entheben Organisationen dem Bereich des Naturgesetzlichen, wir haben es mit institutionellen, nicht mit natürlichen Tatsachen zu tun.

Wenn wir behaupten, dass die Gestaltung von Technik einen Einfluss auf Organisationen hat, dann hat dies auch Konsequenzen für die Gestaltung unserer Lebenswelt und damit für unser Lebensgefühl. Das Problem bei der Diskussion zwischen Sozialwissenschaftlern und Ingenieuren besteht meist darin, dass sie neben unterschiedlichen Begrifflichkeiten auch eine unterschiedliche Weltsicht und eine vermutlich unterschiedliche Anthropologie, also Sicht des Menschen haben.

Diese unterschiedliche Sicht vom Menschen schlägt sich aber in dem nieder, was wir für gestaltungswürdig und -fähig halten.

Aus der Sicht der Regelungstechnik ist der Mensch zunächst lediglich eine Komponente in einem technischen System. So gesehen ist der Mensch viel zu langsam in seinen Reaktionen, er ist unzuverlässig und fehlerhaft, von geringer Robustheit. Also wird aus dieser Sicht die Technikgestaltung den Menschen als Komponente zu eliminieren und ihn durch Automatismen zu ersetzen versuchen – das ist, technisch gesehen, zuverlässiger.

Aus der Sicht des klassischen Ökonomen ist der Mensch ein rationales Wesen, das egoistisch auf seinen Vorteil aus ist und Mittel und Wege sucht, seine Bedürfnisse zu befriedigen. Was Wunder also, dass die letztliche Konsequenz dieser Sichtweise der Börsen-Handel im Mikrosekundentakt ist. Dabei geht es sogar darum, mit seinem eigenen Firmenrechner möglichst räumlich nahe am Börsenrechner zu sein, um die kleinen Laufzeitunterschiede durch die kürzeren Wege bei der Gewinnung der entscheidenden Information ausnutzen zu können. Dies und andere idealisierte Annahmen über die egoistische Natur des Menschen haben zu einer Parallelwelt des Finanzsektors geführt, die sich kulturell und im Lebensentwurf wohl noch mehr von der Hauptgesellschaft unterscheidet als die vielbeschworenen Parallelwelten in Stadtteilen, die überwiegend von Migranten aus anderen Kulturen bevölkert sind.

Aus der Sicht eines Chemikers besteht der Mensch zu 80 % aus Wasser, eine Unzahl von organischen chemischen Verbindungen und bio- und elektrochemischen Prozessen. Wissenschaft macht vor dem Menschen nicht halt und die Technik ebenso wenig. So soll das *enhancement* des Menschen, sei es neurologisch, biochemisch, elektronisch oder den Projektionen eines Cyborg entsprechend, in Zukunft weit über das hinausgehen, was in der medizinische Prothetik heute schon möglich ist. Der Mensch ist hier das verbesserungsfähige und der Neugestaltung zugängliche Wesen, nicht nur das Mängelwesen, wie ihn Arnold Gehlen sah, der seine mangelnde Ausstattung kompensieren und erweitern müsste, um überleben zu können. Sowohl bei der Kompensation der Mängel wie bei der Neugestaltung des Menschen – man denke nur an *genetic engineering* – kommt der Technik eine entscheidende Rolle zu.

Diese technologischen Sichtweisen des Menschen haben zwei Gründe: Zum einen denken wir gern in den Begriffen, die wir – meist anschaulich – kennen und die mit Bewältigungserfahrung zu tun haben. Gab es Schwierigkeiten, Gott zu erklären, griff man auf die Metapher vom Großen Handwerker (Platon), vom Uhrmacher, der alles fein gebaut und justiert hatte, damit das Universum von selbst läuft (Leibniz), oder auf das Bild vom Großen Computer zurück, der auch die Rolle des intelligenten Designers spielen kann. Das Verstehen organischer Prozesse orientierte sich schon früh an technisch machbaren und industriellen Prozessen, die man kannte: Der Mensch als Industriebetrieb. Der Frauenarzt und Schriftsteller Fritz Kahn (1888–1968) hat dieses Denken grafisch festgehalten (vgl. Abb. 26).[74]

Der zweite Grund ist die schon besprochene Umkehrung der Zweck-Mittel-Beziehung (vgl. voriges Kap. 11). Wenn man den Schraubenzieher hat, kann man ihn auch für andere Zwecke als zum Schrauben benutzen, das Mittel beginnt, sich seine Zwecke zu suchen. Und so überformt die Verfügbarkeit über das Mittel das Denken über den Gegenstandbereich, in dem das Mittel auch noch angewendet werden könnte:

> „*Gib einem Jungen einen Hammer, und die Welt wird nur noch aus Nägeln bestehen.*" (Marc Twain)

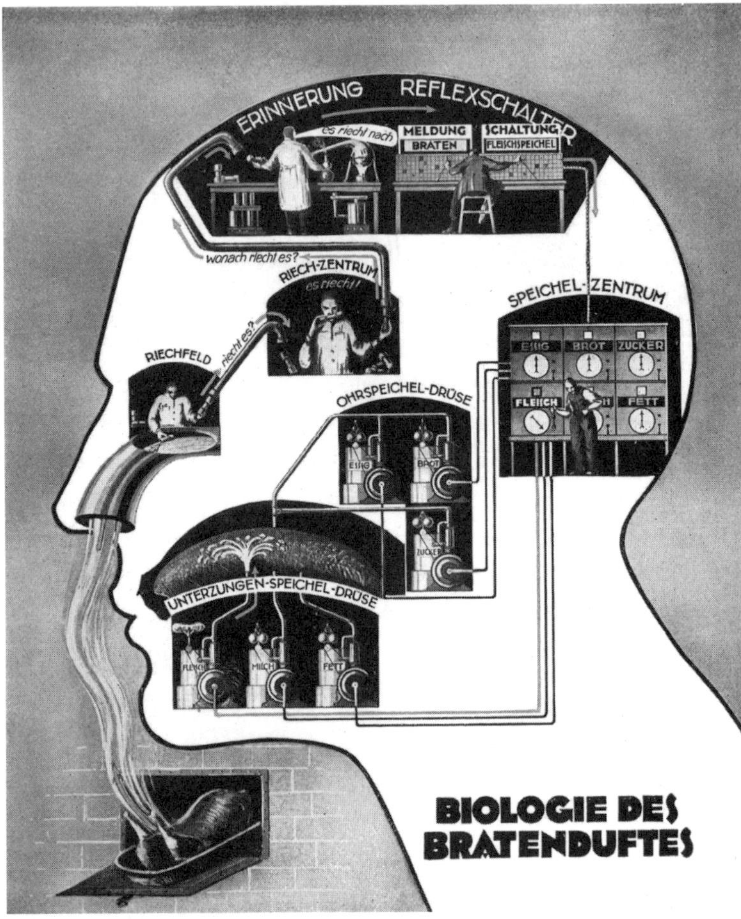

Abb. 26: Bildliche Darstellung der Vorgänge, die sich zwischen der Geruchsempfindung und dem „reflektorischen" Speichelfluss im Kopf des Menschen abspielen. (Quelle Fritz Kahn, Das Leben des Menschen III, Franckh/Kosmos, Stuttgart 1926, Tafel XV www.fritz-kahn.com)

Damit kommen wir nochmals auf die Modellierung in Kapitel 3 zurück: Wenn wir eine Organisation modellieren wollen, um zu verstehen, ob sich darin auch eine technische Funktion entfalten kann, oder auch nur zu verstehen, wie sehr sich eine Technik auf ihre eigene organisatorische Hülle auswirkt, dann benutzen wir eben die Instrumente zur Modellierung, die wir kennen.

Ein Beispiel ist hier die Softwaregestaltung, die mit ihren Algorithmen, also Rechenverfahren, mehr unser Leben bestimmt, als wir als Laien wissen können. Es ist nicht nur der Handel mit Derivaten in Sekundenschnelle, der durch Algorithmen bestimmt wird, sondern auch die Entscheidungen, ob man einen Kredit bekommt, die erste Ablehnung der Erstattung einer Krankenhausrechnung bei der Krankenversicherung, die Prüfung einer Reisekostenrechnung oder ob man überhaupt in die USA fliegen darf – erst nach Widerspruch wird individuell geprüft, und da auch nicht immer. Das Rechenverfahren, auf dem die Software und damit die Computerfunktion und dessen Einsatz beruht, basiert aber letztlich auf einer Modellvorstellung dessen, was der Computer steuern oder entscheiden soll. Das Programm enthält, wie gesagt, eine Theorie dieses Prozesses.[75] Theorien sind immer nur so gut wie das Wissen ihrer Schöpfer und jedes Modell enthält implizit Interessen, indem es das eine berücksichtigt, das andere nicht.

Das Problem ist nun, dass die Modellbildung nicht nur davon abhängt, was der Modellbildner will und was er von der Welt und dem Gegenstandsbereich weiß, sondern auch davon, welche Instrumente er für die Modellierung kennt und zur Verfügung hat. So hat man schon relativ früh mögliche Auswirkungen identifiziert, die mit diesem Effekt zusammenhängen könnten.

So kann man eine Beeinflussung der Organisationsformen, Arbeitsinhalte und -strukturen bei der Modellierung und Softwareerstellung durch die Wahl der gekauften, bezogenen Software oder durch die Wahl der bei der Herstellung verwendeten Tools nicht ausschließen. Dazu gehört auch die Erfahrung, dass bestimmte Systemlösungen durch Betriebe, die mit anderen Betrieben in einem Abhängigkeitsverhältnis stehen, zwangsweise übernommen werden. Dazu gehört auch die Standardisierung von Dienstleistungsangeboten durch Standardisierung der dazu gehörenden Software mit möglicher Einschränkung der Vielfalt. Zu beobachten ist auch eine Technisierung in Administration und Gesundheitswesen durch genormte Softwareleistungen für bestimmte Bereiche.[76]

Dienstleistungen werden, auch wenn sie technisch unterstützt sind, von Institutionen gemacht, also Einrichtungen, die ihren Zweck und auch Zielvostellungen haben. Einer der Stammväter der Soziologie, Max Weber (1864–1920) ging soweit, Institutionen als Verkörperung von bestimmten Wertevorstellungen aufzufassen. Somit könnte man auch vermuten, dass die Qualität von Dienstleistungen von Institutionen gewisse Rückschlüsse auf deren Menschenbild erlauben könnten.

Kleine Übung: Welches Menschenbild hatte wohl der Designer, als er den Bahnkartenautomaten der Deutschen Bahn entwarf?

13. Wer ist für was verantwortlich?

Der Arzt und der Pillendreher

Ein Arzt und ein Pillendreher, in der Antike der *pharmakos* (= Giftmischer) geheißen, haben einen Streit:

> „Ihr seht doch, der Patient ist wieder gesund. Das verdankt er meiner Behandlung. Ich habe die Krankheit richtig erkannt, wusste, was dagegen zu tun ist und habe ihm auch die richtige Medizin verschrieben. Also war ich es, der ihn gesund gemacht hat".
>
> „Ihr irrt, mein Herr – ohne die Medizin, die ich entwickelt und hergestellt habe, hättet Ihr lediglich gewusst, dass und wie sehr der Patient krank ist, aber außer ein paar Bädern hättet Ihr nichts weiter tun können. So ist es letztlich meine Kunst, die den Kranken geheilt hat."

So oder ähnlich mag sich der Streit angehört haben – und er dauert bis heute an. Hier geht es um die Frage, wer der Urheber der erfreulichen Entwicklung gewesen sei, also um ein Verdienst? Im negativen Fall sprechen wir eher von Schuld an einem Schaden, den jemand verursacht hat und für den er sich verantworten muss.

Das antike Problem zwischen Pillendreher und Arzt ist, obwohl es nicht um Schaden, sondern Verdienst geht, das Problem der geteilten Verantwortung. Verantwortung ist ein moralischer, kein rechtlicher Begriff, das Recht spricht lieber von Haftung. Da wird es schon konkreter – und für den verantwortlichen Ingenieur gegebenenfalls recht teuer.

Der Verantwortungsbegriff kommt aus dem Römischen Recht: *res-*

pondere (lat. antworten; das englische Äquivalent ist *responsibility*) bedeutete, auf die Fragen des Richters zu antworten. Der Begriff wird gerne schwammig verwendet und in der Philosophie wurde vorgeschlagen, hier doch konkreter zu werden. Man kann deshalb die Komponenten des Verantwortungsbegriffs nach den klassischen Fragen entfalten: Wer ist gegenüber wem warum für was wie lange verantwortlich und was geschieht, wenn er es ist? Zur Vereinfachung stellen wir dies in Tabellenform dar und schließen an diese Tabelle gleich einen morphologischen Kasten an, der zeigt, dass es unterschiedliche Weisen der Verantwortung gibt und dass man, wenn man über Verantwortung redet, auch sagen soll, welche Variante man in dem morphologischen Kasten gewählt hat.

Zu lesen ist die Tabelle 4 so: Wer ist das Subjekt der Verantwortung? Das kann das Individuum, ein Team, eine Institution, die Gesellschaft oder – für einige Ausreden mag das ja gelten – der Zufall sein. Die zweite Zeile ist unabhängig davon zu lesen: Wer ist die Instanz der Verantwortung, also gegenüber wem ist das Subjekt verantwortlich? Man kann vor dem Gewissen, gegenüber dem Vorgesetzten, gegenüber der Firma etc. verantwortlich sein. Nicht alle Kombinationen zwischen erster und zweiter Zeile sind sinnvoll. So ist die Frage, ob eine Firma sich vor ihrem Gewissen verantwortlich fühlen mag, eher eine Metapher.

Man sieht relativ schnell die Möglichkeit der kombinatorischen Explosion – und deshalb muss man sich die sinnvollen Kombinationen von Verantwortungssubjekt, Instanz, Objekt der Verantwortung, Zeitraum und Sanktionen auswählen.[77]

Bevor wir zu ein paar konkreten Anwendungen kommen, sei noch eine Regel erwähnt, die man aus dem morphologischen Kasten in gewisser Weise ableiten kann: Je ungenauer die Instanz wird (von links nach rechts), d. h. je weniger sie konkrete Möglichkeiten zur Sanktion hat, umso schwammiger ist der gebrauchte Verantwortungsbegriff. Wenn also jemand von der Verantwortung vor der Geschichte, vor der Menschheit u. ä. spricht, dann sind das nichts anderes als sprachliche Nebelkerzen, die da geworfen werden. Um ein Missverständnis zu vermeiden: Das Gewissen ist eine Instanz, die sehr wohl zu heftigen Sanktionen fähig ist.

Tabelle 4: Morphologischer Kasten für den Verantwortungsbegriff

Frage			Möglichkeiten				
wer?	Subjekt ...	... der Verantwortung	Individuum	Team	Institution	Gesell-schaft	Zufall
vor wem?	Instanz ...		Gewissen	Vorgesetzter	Firma	Parla-ment	Gesell-schaft
für was?	Objekt ...		Absicht	Handlung	Folgen	Neben-folgen	Zwecke
wes-halb?	Grund ...		Ethik	Recht & Gesetz	Verpflich-tung	Gewissen	...
wie lange?	Zeit-horizont ...		Jahre	Verjährung	Generation	...	...
	Sanktions-möglichkeit		Ächtung	Strafe	Ausschluss	Exis-tenz	

Der Begriff der Verantwortungsethik wurde von Max Weber eingeführt in der Absicht, ihn gegen einen anderen Typus von Ethik abzugrenzen, der Gesinnungsethik. Der Unterschied liegt in der Beurteilung, wofür man verantwortlich gemacht werden kann: Ist es die schlechte Absicht (Gesinnung), die zu einer abzulehnenden Handlung geführt hat, die man verurteilen muss, oder ist es nur die Handlung selbst, die Gegenstand des moralischen Urteils sein soll? Oder soll man nicht auch für die Folgen einer Handlung geradstehen müssen, selbst wenn man diese noch nicht absehen konnte?

Man sieht sofort, dass man dadurch in die Risikodebatte hineinkommt: Wenn jemand eine Entscheidung unter Unsicherheit fällen muss, weil die notwendigen Informationen aus Gründen nicht verfügbar sind, die er nicht zu vertreten hat, dann geht er das Risiko ein, dass die Folgen einer auf dieser Entscheidung basierenden Handlung unvorhersehbare und nicht erwünschte Folgen haben könnten.

Klare Maßstäbe, welches Risiko man dann noch verantworten kann, sind Gegenstand heftiger Debatten, nicht nur in der Philosophie, sondern eben gerade in der Technologiepolitik und Wirtschaft. Hier hat die Philosophie mit ihrer Teil-Disziplin Ethik eine wichtige Aufgabe – und entsprechend der ethischen Unsicherheit angesichts der absehbaren oder möglichen Folgen von bestehenden und geplanten Technologien sind Ethikbeiräte eingerichtet worden, ethische Leitlinien für fast alle Wirtschaftsbereiche, in der Wissenschaft, im Gesundheitswesen, im Bereich der Umwelt und so fort wurden verabschiedet, die Literatur ist ab den 70er Jahren fast exponentiell angestiegen.

Kann man angesichts dieser Tatsache ein paar *rule of thumbs* angeben? Man kann. Die Diskussion zwischen Philosophie und Technik hat in den letzten 20 Jahren doch einige handhabbare Ergebnisse hervorgebracht.

Geteilte Verantwortung

Der Architekt, der Bauingenieur und der Bauherr – alle drei sind sie in gleicher Weise dafür verantwortlich, dass ein Bauwerk nicht zusammenbricht und niemand zu Schaden kommt. Soweit die allgemeine Überzeugung. Das Problem beginnt beim Strafprozess, wenn es um Fahrlässigkeit oder den Vorwurf geht, nicht nach den anerkannten Regeln der damals zeitgenössischen Technik gehandelt zu haben. Und beim Zivilprozess geht es um Haftungsfragen und Schadensersatz. Das Hin und Her bei solchen Prozesse zeigt nicht nur, dass rein rechtliche Sachverhalte kompliziert und schwierig festzustellen sind, es zeigt auch, dass in solchen Fällen der Verantwortungsbegriff, mit dem hantiert wird, nicht ganz geklärt ist.

Einige Unterscheidungen, die aus der Debatte um neue Anforderungen an die Ethik aufgrund neuer technischer Möglichkeiten kommen – wir können offensichtlich durch Technik mittlerweile mehr bewirken, als wir im Voraus wahrnehmen können –, könnten hilfreich sein.

So unterscheidet man zwischen Rollenverantwortung und moralischer Verantwortung. Die Rollenverantwortung hat man aufgrund der professionell oder situativ gestellten Aufgabe, die man übernimmt: Man ist als Ingenieur für die Sicherheit verantwortlich, als Autofahrer für unfallfreies Fahren, als Eltern für die gelingende Erziehung der Kinder, als Arzt für das Wohl des Patienten, als Manager für das wirtschaftliche Gedeihen der Firma. Die Instanzen bei diesen Rollenverantwortungen sind Auftraggeber, Verkehrsteilnehmer, Kinder, Patienten, Kunden und Beschäftigte. Ihre Interessen sind notfalls gesetzlich geschützt und können zumindest bei deren Verletzung kompensatorisch durch Gerichte durchgesetzt werden. Meist wird auch die Aufgabe, für die man verantwortlich ist, von diesen Instanzen her definiert. Dies kann durchaus zu Konflikten mit dem führen, was wir moralische Verantwortung nennen. Die moralische Verantwortung resultiert aus der Prüfung einer Handlung, deren Folgen und vielleicht auch der Motive, die zu bestimmten Handlungen führen, gegenüber einem eigenen Beurteilungssystem. Dieses Beurteilungssystem, das wir auch eigene Moral oder Gewissen nennen, ist durch bevorzugte Werte (z. B. Leben, Gesundheit, Sicherheit, Wohlstand) und einige Prinzipien (z. B. die Goldene Regel: „*Was Du nicht willst, was man Dir tu, das füg auch keinem andern zu*“ oder deren akademische Version, den Kantschen Kategorischen Imperativ) gekennzeichnet.

Wenn man der Meinung ist, dass man seine eigene Moral an einer allgemeinen Moral ausgerichtet habe und diese als verallgemeinerungsfähig (universell) angesehen wird, dann könnte man auch von einer universalmoralischen Verantwortung sprechen. Kant glaubte daran, dass man ein allgemeingültiges Sittengesetz durch Vernunft erkennen könne – wir zweifeln heute daran mehr oder weniger, weil wir die individuellen und kulturellen Unterschiede der unterschiedlichen Moralen durch die Globalisierung viel deutlicher erfahren als früher. Vermeiden wir also den Begriff universalmoralisch.

Wir sahen, es kann zu Konflikten kommen zwischen Rollenverantwortung und moralischer Verantwortung. Der Whistleblower, der Deserteur, derjenige, der eine bestimmte z. B. technische Entwicklung nicht mittragen will, weil er deren Gebrauch absehen kann und nicht mitverantworten möchte – sofern sie aus moralischer Überzeugung handeln ist es ratsam, in solchen Fällen der moralischen Verantwortung eine Priorität vor der Rollenverantwortung zu geben.

Der Konstrukteur und der Kunde

Wir sprachen eben ganz bewusst von Mitverantwortung. Der Konstrukteur ist nicht allein für alle Gebrauchsmöglichkeiten verantwortlich, die ein Kunde mit seinem Produkt wird anstellen können – das wäre eine individuelle moralische Überforderung. Lassen wir die rechtlichen Aspekte beiseite und betrachten das moralische Problem: Wir haben es mit einer graduellen Mitverantwortung zu tun. Der Ingenieur wird sich bemühen, das Menschenmögliche zu tun, um Missbrauch zu verhindern. Das Menschenmögliche ist etwas, was durch den aktuellen Wissenstand und den Stand der Technik begrenzt ist. Dasselbe gilt für den Hersteller und den Verbraucher: Sicherheitsvorkehrungen und -hinweise sind das eine, aber was der Konsument liest und versteht – siehe Bedienungsanleitungen – ist das andere. Auch der Bediener oder Nutzer einer Technik hat Verantwortung im Umgang mit ihr, man könnte auch von einer Informationspflicht sprechen, um sich das erforderliche Wissen und Können anzueignen.

Geteilte Verantwortung heißt aber auch, dass es nicht nur eine passive wie aktive Pflicht zur Information der Mitverantwortlichen gibt, sondern auch, dass man für das Gelingen dieser Kommunikation, ebenfalls Verantwortung trägt. Gelingen heißt hier, dass sie im Gegenüber ein adäquates Wissen zu erzeugen in der Lage ist. So ist es ebenso unverantwortlich, was uns als Verbraucher so manche Bedienungsanleitungen zumuten wie es unverantwortlich ist, ein kompliziertes Gerät oder eine Technik, z. B. ein Pkw mit einer erheblichen Reichweite von potenziellen Nebenfolgen (Unfall) ohne vorherige Kenntnisnahme in Betrieb zu nehmen. Das bedeutet, dass der Ingenieur es bedenken und dafür sorgen muss, dass der Verwender seiner Technik möglichst wenig in eine Zwangslage kommt, in der dieser nicht mehr frei entscheiden kann und Fehler begeht. Dieses Vorausbedenken wird zuweilen durch eine rein wirtschaftlich bestimmte Denkweise im Rahmen der betrieblichen Rollenverantwortung stark eingeschränkt.

Safety, doesn't it sell?

Das folgende Beispiel ist vergleichsweise alt, doch es ist für die Diskussion prototypisch geworden und hat eine gewisse Karriere in ethischen Seminaren und in der Technikfolgenabschätzung hinter sich.[78]

Abb. 27: FORD Pinto, Baujahr 1971 (Quelle: Ford)

Die Ford Motor Company stand Ende der 60er Jahre auf dem amerikanischen Markt in scharfen Wettbewerb mit VW und dem damals neu herausgekommenen Golf. Um einen dazu analogen Kleinwagen auf den Markt zu werfen, wurde der Ford Pinto (vgl. Abb. 27) übereilt entwickelt; so wurden z. B. die Werkzeugmaschinen für die Produktion parallel zum Bau des Prototyps gebaut. Tests zeigten bereits am Prototyp einen gefährlichen Fehler: Ein Aufprallunfall mit etwas mehr als 40 km/h verursachte das Bersten des Benzintanks und führte zum Brand des Fahrzeugs. Eine vierzigmalige Wiederholung des Tests bestätigte das Ergebnis. Als Lösung des Problems wurde von den Ford-Ingenieuren eine Plastikpufferung vorgeschlagen, deren Kosten für Material und Einbau bei $ 11 pro Wagen betragen hätten. Das Management musste über diese Modifikation und deren Kosten entscheiden.

Bei der folgenden Kosten-Nutzen-Analyse ging man davon aus, dass ein Menschenleben nach Berechnung des Bundesamts für Sicherheit des Landstraßenverkehrs (National Highway Traffic Safety Administration) versicherungstechnisch damals $ 200 000 im Falle eines Regresses wert war und man schätzte die Zahl der möglichen Todesfälle, Verletzungen und verbrannen Autos sowie deren Kompensationskosten ab (vgl. Tab. 5).

Tabelle 5: Kostenvergleichsrechnung im Fall FORD-Pinto

Der Fall Pinto $ 11 für Nachrüstung vs. ein Todesfall (Unfall)	
Durch Vermeiden von Unfällen entsteht eine Ersparnis der Folgekosten:	Ca. 180 tödliche Unfälle, 180 Schwerverletzte, und 2100 verbrannte Wagen als Folgen von Bränden – dies alles könnte durch die Nachrüstung vermieden werden.
Kosten per Einheit: incl. Schadensbegleichung und Prozesskosten.	$ 200,000 per Todesunfall, $ 67,000 per Schwerverletzte, $ 700 per (verbrannter) Wagen
Gesamtersparnis durch das Vermeiden von Unfällen (= Nutzen):	180 · ($ 200,000) + 180 · ($ 67,000) + 2100 · ($ 700) = $ 49,5 Mio.
Kosten der Nachrüstung, die solche Unfälle vermeidet	Absatz: 11 Millionen Pkw + 1,5 Million Lkw Kosten per Einheit: $ 11 per Pkw, $ 11 per Lkw
Gesamtkosten:	11,000,000 · ($ 11) + 1,500,000 · ($11) = $ 137 Mio.
Vergleich:	Der möglichen Einsparung von Folgekosten der Unfälle (Regress) von $ 49,5 Millionen stehen Nachrüst-Kosten von $ 137 Millionen gegenüber

Aus dieser Vergleichsrechnung fällten die Manager die Entscheidung, die Konstruktion zu belassen und den Plastikpuffer nicht einzusetzen. Weitere Versuche der Ingenieure einer Verbesserung stießen auf Widerstand des Managements. Dem damaligen Chef der Ford Company, Lee Iacocca wurde der Spruch nachgesagt: *„Safety doesn't sell"*.

Als Hintergrund zur Beurteilung ist es wichtig zu wissen, dass es zur Zeit der Produktion des Pintos auf Bundesebene in den USA noch keine Sicherheitsnormen für Benzintanks gab. Es wurde zwar 1968 eine Sicherheitsgesetz für industrielle Produkte verabschiedet, was Henry Ford als eine Einmischung der Regierung in die inneren Angelegenheiten des freien Unternehmertums bezeichnete. Die Einführung einer Sicherheitsnorm für Benzintanks war für 1970 geplant, scheiterte aber an der erfolgreichen Lobbyarbeit von Ford ganze acht Jahre lang. In dieser Zeit produzierte Ford 8 Millionen Pintos. Allerdings sprachen sich die Brandunfälle mit den Pintos herum und Ford wurde durch den öffentlichen Druck genötigt, Abhilfe zu schaffen.

Heute sind Rückrufaktionen bei Automobilfirmen zwar nicht sehr beliebt, aber sie stellen eine Notwendigkeit für das Image und die Integrität eines Unternehmens dar. Ein Fall wie Pinto würde eine Automobilfirma heute vermutlich durch den hervorgerufenen Boykott der Kunden nicht überleben.

Trotz der moralischen Empörung, die eine solche Entscheidung, mehr noch die Denkmuster, die hinter dieser Entscheidung stehen, hervorrufen mag – der Struktur nach sind solche Entscheidungen alltäglich, wir machen uns das nur nicht bewusst. Man kann füglich moralisieren und stellt doch fest, dass die Weise unseres Wirtschaftens global Armut, dadurch frühe Sterblichkeit und das weitere Auseinanderdriften von Arm und Reich in den Ländern der Dritten Welt verursacht. So erkaufen wir – radikal gesprochen – unseren Wohlstand mit der Verelendung anderer, ein anderes Modell des Wirtschaftens wäre uns zu teuer oder hätte – so wird befürchtet – eine Reduktion unseres Wohlstandes zur Folge. Und so wägen wir die Kosten einer Veränderung der Weise unseres Wirtschaftens und den Kosten einer kompensatorischen Entwicklungshilfe ab. Das Ergebnis ist bekannt.

Der Whistle-Blower

Der wohl bekannteste Whistleblower unserer Tage ist Edward Snowden, danach folgt, wohl schon eher in Europa vergessen, nicht jedoch in den USA, Bradley Manning, der nach seiner Geschlechtsumwandlung nun Chelsea heißt. Chelsea Manning gab das Videoband, das den Beschuss auf unbewaffnete Zivilisten und Journalisten in Bagdad (12. Juli 2007, 11 Personen wurden dabei getötet) aus Hubschraubern der US Army zeigte,[79] an Wikileaks weiter, Snowden legte die umfangreichen und weltweiten Ausspähaktionen des US-Geheimdienstes NSA offen. US-Behörden verstehen in solchen Fällen keinen Spaß, Manning wurde zu 35 Jahren Gefängnis verurteilt, die Mitglieder der Hubschrauberbesatzungen gingen meines Wissens straffrei aus, Snowden ist trotz seines „Asyls" in Russland ein weltweit gejagter Mann, der so schnell keine Ruhe finde dürfte.

Whistleblower leben in einer geteilten Loyalität – sie sind zwischen ihrem Auftraggeber und der eigenen Überzeugung hin und her gerissen. Ihre bisherige Zahl ist beachtlich, die Liste ist lang und sie wird in Zukunft wohl noch länger werden. Wir sprechen also nicht von Leuten, die Firmengeheimnisse für Geld an die Konkurrenz oder an die Presse preisgeben, sondern von Gewissens- oder Überzeugungstätern.

Der Verrat ist willkommen, der Verräter wird geächtet, auch von den Nutznießern des Verrats. Der Whistleblower muss entscheiden zwischen einerseits der Loyalität zu seiner Firma, zur Behörde, der er angehört, oder zu einer Institution oder seinem Land, und andererseits seinem Gewissen oder, man konnte es auch neutraler ausdrücken, seinen moralischen Interessen. Die verletzte Loyalität wird im Allgemeinen hart abgestraft, mit dem Verlust des Jobs, der Vernichtung der bürgerlichen Existenz, es kann die Freiheit kosten, manchmal sogar das Leben. Der Verlust der moralischen Integrität hingegen kostet ein schlechtes Gefühl, Gewissensbisse, die Erfahrung, verantwortungslos zu sein, und kann zur Verzweiflung bis hin zum Selbstmord führen. Wir haben es mit einer Situation zu tun, die man in der Ethik als ein moralisches Dilemma bezeichnet.

Ein Dilemma (oder „Zwickmühle") bezeichnet eine Zwangslage, in der man zwischen zwei (oder mehreren) gleich unerwünschten Handlungen bzw. Handlungsfolgen zu wählen hat, weil man nur eine Handlung ausführen bzw. eine Verpflichtung erfüllen kann.

Ein Notarzt, der an eine Unfallstelle mit zwei (gleich) Schwerverletzten kommt, gerät in ein Dilemma, wenn er nur einem von beiden Menschen das Leben retten kann. Der Arzt wird also gezwungen, die Konkretisierung eine von zwei für vielleicht gleichrangig erachteten Wertvorstellungen zu verletzen. Dieses Problem nennt man Triage und solche Tragödien sind aus der Katstrophenmedizin und kriegerischen Ereignissen Legion. Solche Dilemmata kennen wir auch aus der Geschichte: Die Attentäter des 20. Juli 1944 fühlten sich durch den Eid auf den Führer gebunden, konnten aber eine Fortsetzung der Kriegsführung nicht mehr weiter verantworten.

Whistleblowing ist im Zeitalter des Internet zu einer anderen Qualität geworden. Die Anonymität erleichtert hier manches, leistet aber auch dem Missbrauch und der Verleumdung Vorschub. Das Verpfeifen einer Firma als Umweltsünder kann jedoch auch heute noch den Job kosten.

So hat der Verein der Deutschen Ingenieure in seinen ethischen Leitlinien[80] im Abschnitt 2.4 darauf hingewiesen, wo in dilemmatischen Situationen die Prioritäten zu setzen wären:

> „ … *In Wertkonflikten achten Ingenieurinnen und Ingenieure den Vorrang der Menschengerechtigkeit vor einem Eigenrecht der Natur, von Menschenrechten vor Nutzenserwägungen, von öffentlichem Wohl vor privaten Interessen sowie von hinreichender Sicherheit vor Funktionalität und Wirtschaftlichkeit. Dabei sind sie sich bewusst, dass Kriterien und Indikatoren für die unterschiedlichen Wertbereiche nicht dogmatisch vorauszusetzen, sondern nur im Dialog mit der Öffentlichkeit zu ermitteln, abzuwägen und abzugleichen sind.*"

In der Praxis steht man aber bei solchen schweren Entscheidungen oft alleine da. So versprach der VDI in denselben Leitlinien in der Einleitung:

> *„Der VDI ergreift Maßnahmen zur Aufklärung, Beratung, Vermittlung, Förderung und zum Schutz der Beteiligten in allen Fragen der Technikverantwortung."*

Allerdings sind Forderungen nach Einrichtung diskursiver Verfahren und die Herausbildung erweiterter Fachkompetenzen nicht hinreichend, sofern das Problem der Durchsetzung solcher hehrer Leitvorstellungen nicht adäquat berücksichtigt wird. Demjenigen, der gemäß seiner ethischen Überzeugung handelt, sollte der Schutz vor ungerechtfertigten Sanktionen nicht versagt bleiben.[81]

So war nach der Verabschiedung der Leitlinien löblicherweise geplant, für solche kritischen Fälle einen Ombudsmann beim VDI einzurichten. Trotz dringender Empfehlung ist bis heute hier nichts geschehen – der VDI lässt seine Mitglieder, im Gegensatz zu den vollmundigen Ankündigungen im Jahr 2000, in solchen Fällen leider allein.

Das Prinzip der Bedingungserhaltung

Wir kommen nochmals auf die erwähnten Leitlinien zurück. So lautet der Abschnitt 2.2:

> *„ … Grundsätzlich orientieren sie sich bei der Gestaltung von Technik daran, die Bedingungen selbstverantwortlichen Handelns in der Gegenwart und Zukunft zu erhalten. Insbesondere sind alle Handlungsfolgen zu vermeiden, die sich zu „Sachzwängen" (Krisendruck, Amortisationszwängen) entwickeln und nur noch bloßes Reagieren erlauben. Erst der Erhalt von Freiheit und ihrer ökologischen, ökonomischen und sozialen Bedingungen ermöglicht eine pluralistische Ausrichtung auf Güter jenseits von Fremdbestimmung und Dogmatismus, auch und gerade für die zukünftigen Generationen."*

Das sind hehre Worte, die noch vor der Finanzkrise geschrieben wurden und an deren Abfassung der Verfasser beteiligt war. Doch ich stehe nach wie vor zu ihnen. Denn sie sagen etwas sehr Wichtiges aus über die geteilte Verantwortung: Wenn wir in ein Dilemma geraten sind, dann hält uns die die Ethik nur wenig Spielregeln parat, wie wir wieder herauskommen.

Selbst bei DIN lesen wir:

> *„Bei der sicherheitsgerechten Gestaltung ist derjenigen Lösung der Vorzug zu geben, durch die das Schutzziel technisch sinnvoll und wirtschaftlich am besten erreicht wird. Dabei haben im Zweifel die sicherheitstechnischen Erfordernisse den Vorrang vor wirtschaftlichen Überlegungen."*[82]

Darauf kann man sich, da es sich um VDI-Leitlinien bzw. DIN-Normen handelt, notfalls vor Gericht beziehen. Trotzdem gilt: In der Regel sind wir alle keine Helden und die sowohl praktische als auch theoretische Lösung ethischer oder moralischer Probleme muss davon ausgehen. Dilemmata sind meist nur heldenhaft oder tragisch zu lösen, deshalb ist es eine vernünftige Forderung, so zu handeln, dass man solche Dilemmata gleich gar nicht entstehen lässt. Ein Versuch dazu sind in der Tat die vielen Ethik-Codizes, die nicht nur für die Technik, sondern auch in den Bereichen der Wirtschaft, des Management, der Wissenschaft, des Handwerks und teilweise auch in der Politik entstanden sind. Ihre Durchsetzung im Alltag steht auf einem anderen Blatt, aber sie haben zumindest eine orientierende und damit auch erinnernde Funktion.

Ein weiterer Versuch stammt aus der Philosophie, genauer gesagt aus der Ethiktheorie und nimmt den Gedanken der Vermeidung von Dilemmata ernst. In dilemmatischen Situationen kann der Mensch nicht mehr verantwortungsvoll handeln, weil einige der Bedingungen für verantwortliches Handeln außer Kraft gesetzt worden sind. Dazu gehört die Wahlfreiheit; denn wenn jede Option durch unakzeptable Konsequenzen versperrt ist, kann man auch nicht mehr frei handeln. Wenn die Folgen jeder Handlungsoption nicht mehr verantwortbar sind, dann kann man auch nichts mehr verantworten, weil man – so oder so – sich schuldig fühlen muss, selbst wenn man es nicht ist.

Philosophisch gesprochen heißt dies, dass man den kategorischen Imperativ von Kant erweitert. Dieser lautete:

Handle so, als ob die Maxime Deiner Handlung durch Deinen Willen zum allgemeinen Naturgesetz werden sollte.[83]

Dies stellt ein Verallgemeinerungsgebot und gleichzeitig ein Prüfverfahren dar: Welche meiner Handlungen könnten allgemein akzeptiert werden, sodass sich jedermann danach richten könnte? Heute wissen wir, dass es eine über alle Kulturen, Zeiten und Individuen hinweg verallgemeinerbare gültige Moral nicht gibt – es gibt Moralen, und wo sie in Konflikt geraten, wie im interkulturellen Dialog oder in multikulturellen Gesellschaften, muss man geeignete Verfahren finden, diese Konflikte im Diskurs zu regeln. Hierbei ist eine Orientierung über die eigenen Wertevorstellungen, deren Prioritäten und den Prinzipien, von denen man ausgeht, schon hilfreich, ohne gleich Fachethiker sein zu müssen.

Vielleicht mag folgende Überlegung, die etwas vorgelagert ist, hilfreich sein. Wir sollten so handeln, dass andere immer noch verantwortungsvoll handeln können. Das heißt, wir sollten keine Zwangssituationen schaffen, in denen Menschen in dilemmatische Situationen geraten. Das geht im Bereich der Technik sehr schnell:

- Systemimperialismen, wie wir sie im Computer- und Softbereich erlebt haben, führen zu Situationen, in denen man keine andere Wahl mehr hat.
- Große technische Systeme, die man aus Sicherheitsgründen oder aus Gründen der „sunken costs“ nicht mehr abschalten kann oder will.
- Produkte, die an „overengineering“ leiden, die man aber kaufen muss, wenn man bestimmte Funktionen haben möchte, obwohl man die anderen tausend gar nicht braucht.
- Arrangements der Kundenbindung und Kundenführung, die keine Wahl mehr lassen.

Man könnte es auch so ausdrücken: Wir sollten stets die Bedingungen für verantwortliches Handeln für alle Beteiligten zu erhalten und nach Möglichkeit zu verbessern suchen.[84]

Wenn man dieses Prinzip ernst nimmt, findet man eine ganze Reihe von Verstößen gegen diesen Gedanken in der Vergangenheit:

- Das Problem der nuklearen Müllentsorgung besteht schon seit dem Zeitpunkt, da der erste Versuchs-Reaktor in Chicago 1943 kritisch geworden ist (vgl. Kap. 9). Der weltweite Ausbau der militärischen und zivilen Zweige der Nukleartechnologie hat ein Entsorgungsproblem geschaffen, das uns auf Generationen hin beschäftigen wird. Wir wissen heute immer noch nicht, wie wir damit verantwortlich umgehen sollen.
- Die Beschleunigung der Generationenfolge (oder auch Innovationszyklen) in der Informations- und Kommunikationstechnologie produziert einen wachsenden Berg von Elektronikschrott, den zu recyceln immer teurer wird. Dies wird die Preisdegression bei einer ständig sich steigernden Verbesserung der Leistungsfähigkeit verlangsamen. Ohne ernsthafte Recyclingbemühungen wird dieses Problem zunehmende Umweltschäden anrichten.
- Die Aushöhlung von Datenschutzbestimmungen, die auf europäische Vorstellungen von Privatheit beruhen, kommt durch die Internationalisierung der Regelungswerke des Internets zustande. Dies entzieht dem Einzelnen zunehmend die Möglichkeit, über seine Daten im Netz bestimmen zu können. Er gerät damit unter Umständen in einen Rechtfertigungsdruck seiner biografischen Umstände und seines Verhaltens, im Besonderen dann, wenn ursprünglich wirtschaftliche Einrichtungen aufgrund der Datenkennnisse, die modellhaft sein Konsum- und Kommunikationsverhalten widerspiegeln, einen gewissen Konformitätsdruck ausüben dürfen. Dies ist z. B. durch gezielte Ansprache, personalisierte Werbung, subtile Manipulation seines Kommunikationsverhaltens und Verwenden solcher Kennnisse in politischer Auseinandersetzung bereits jetzt schon der Fall.
- Kann ein europäischer Ingenieur allen Ernstes die Entwicklung und Produktion von Kindergewehren verantworten? Welches Kind kann mit einem solchen Gewehr in der Hand noch verantwortungsvoll handeln?

Man kann sicher zahlreiche weitere Verstöße finden und oder sich ausdenken. Wozu sich ein Ingenieur also hergeben darf oder kann, ist sicher eine Frage des Erwägens – aber dieses Erwägen will gelernt sein – man braucht dazu so etwas wie moralische Urteilskraft. Dafür reicht in der Regel das Gespräch mit Fachkollegen oder in der Familie vermutlich nur in einfacheren Fällen aus – und deshalb kann ein Blick in ein gutes Buch über Ethik nicht schaden.

Neben dem Erwägen steht das Selbstverständnis des Ingenieurs und seines Berufsstandes, das historische Wurzeln hat, und sich nach der industriellen Revolution mit der nunmehrigen Entwicklung hin zur Informatisierung, Vernetzung, Biologisierung und Personalisierung der Technik zu verändern begonnen hat.

Kleine Übung: Kennen Sie die Aussagen wie:
„Ich würde meinen Arbeitsplätz verlieren, wenn ich da mitmachen würde."
„Wenn ich es nicht tue, wird es jemand anders tun."
„Wenn ich bleibe, kann ich Schlimmeres verhindern."
„Das ist nicht meine Aufgabe."
„Es gibt keine Alternative".
Stellen Sie sich Situationen vor, in denen solche Sätze einmal gerechtfertigt und einmal nur faule Ausreden wären. Kennen Sie solche Situationen aus eigener Erfahrung?

14. Dienstleister oder Mitgestalter?

Sind die Techniker die Kamele, auf denen die Politiker und Kaufleute reiten?

Der Spruch, den wir von Eugen Kogon[85] aus dem Jahr 1976 entliehen haben, stammt vermutlich gar nicht von ihm, sondern stellt eine Adaption eines Spruches dar, der Ben Gurion, dem ersten Staatspräsident des Staates Israel, zugeschrieben wird. Politisch in heutigen Ohren nicht ganz korrekt, lautete er:

> *„Die Frauen sind die Kamele, auf denen die Männer durch die Wüste des Lebens reiten".*

Bevor der feministische Aufschrei ertönt, sei jedoch zum Verständnis beigetragen, dass Ben Gurion wie alle Kenner des Morgenlandes das Kamel hoch zu schätzen wusste – es stellt auch heute noch eine Notwendigkeit wie auch ein Statussymbol dar und ein Rennkamel bringt es locker auf den Preis eines Gefährts der Premium-Klasse aus Untertürkheim oder München. Gemeint in diesem Sprichwort ist allerdings weniger das Statussymbol, sondern der Umstand, dass Bewohner einer ariden Zone darauf angewiesen waren, sich mithilfe von geeigneten Reittieren durch die Wüste bewegen und damit auch überleben zu können. Mit anderen Worten: Das Leben ist so dürr und feindlich, dass die Männer, unfähig wie sie sind, von den Frauen durch dieses Leben getragen werden müssen.

Der Bedeutungswandel des Wortes Kamele hin zum beleidigenden

Gehalt, mit der Nebenbedeutung der Tumbheit und der besinnungslosen Pflichterfüllung unter hoher Belastbarkeit, gab Eugen Kogon vielleicht den Anlass, dies nun auf Ingenieure anzuwenden. Der Satz behauptet dann letztlich, dass die Kaufleute und Politiker diejenigen sind, die die Belastbarkeit, Arglosigkeit und Leistungsfähigkeit der Techniker und Ingenieure für sich ausnutzten, ohne dass die Kamele merken, wie der Hase läuft.

Doch wozu das Aufwärmen einer alten Beleidigung aus den siebziger Jahre jetzt? Die Antwort gibt die Umfrage, die Eugen Kogon im Jahre 1974 durchführte und die genau dieses Statement enthielt: Etwa 72,2 % der befragten Ingenieure stimmten diesem Satz zu![86]

Leider fehlt uns heute eine solche Untersuchung, die eben diese Fragen nochmals stellen würden. Dann hätte man einen Vergleich. Doch sehen wir uns an, was da mit diesem Zitat eigentlich behauptet wird.

Befehlsempfänger oder Künstler?

Es gibt eine alte Weisheit in der Produktionstechnik und im Maschinenbau: Der „natürliche Feind" des Konstrukteurs ist der Mann aus der Kostenrechnung. Der „natürliche Feind" eines Projektingenieurs ist die Verwaltung. Damit haben wir zwei empfindliche Punkte angeschnitten: Macht und Geld.

Man könnte nun provozierend behaupten, dass diejenigen, die Ingenieure geworden sind, diesen Beruf vielleicht deshalb wählten, weil sie mit Machtverhältnissen, Rang- und Hackordnungen, mit politischen und juristischen Finessen nicht viel am Hut hatten und ihre Motivation eher auf die Machbarkeit von technischen Ideen ausgerichtet ist. Ähnliche Motivationsstrukturen, mehr erkenntnistheoretisch orientiert, sagt man ja auch Naturwissenschaftlern und Forschern aller Art, also auch Geisteswissenschaftlern nach.

In einer Zeit, in der heute jedes Projekt, und sei es im öffentlichen Interesse, letztlich sich irgendwie rechnen muss, haben nicht nur Verwalter, Juristen oder Politiker das Sagen, sondern zunehmend Ökonomen – die ganze Lebenswelt der Zivilisation scheint unter das Diktat des Controlling geraten zu sein. Selbst ein Staat wird unter dem Blickwinkel einer Aktiengesellschaft evaluiert, so der Versuch einiger junger Wirtschaftswissenschaftler; der *terminus technicus* der Ich-AG spricht seine eigene Sprache. Die öffentliche Wohlfahrt, das Gesundheitssystem, Wissenschaft, Bildung, selbst die Kunst und – bei uns noch nicht ganz so weit – die Rechtsprechung geraten unter die Räder einer gnadenlosen Kostenrechnung.

Man könnte sagen, dass die Perspektiven in unserem Land und in Europa deshalb auch entsprechend aussehen. Die Sparer ruinieren bekanntlich die Ästhetik und als Feinde der Kultur sind sie schon lange denunziert worden. Der Streit, ob es sich um eine Konsolidierung oder um Kaputtsparen handelt, währt schon lange.

Kurzum, ein Ingenieur, ein Informatiker, ein Pharmakologe, ein Entwickler, ein Wissenschaftler ist eben keine Buchhalterseele, sonst wäre er selber in die Verwaltung oder ins Controlling gegangen, denn dort fallen die ökonomischen und politischen Entscheidungen, nicht im Labor oder an der Teststrecke.

Das mag sich nun amüsant anhören, für die Betroffenen ist es nicht so – zunehmend wird die Erfahrung beklagt, dass Bürokratie, allgemeine Verrechtlichung und Ökonomisierung nicht mehr dienende, sondern herrschende Funktionen in unserem Gemeinwesen ausüben, sodass sich das lähmende Gefühl einstellt, nichts gehe mehr und wenn, dann nur mit dem Geld, das – zumindest als öffentliches Geld – nicht mehr da ist. Wer als Erfinder den Weg des Patentes geht, wer mit einer tollen Idee ein Unternehmen gründen will, wer in einem Unternehmen womöglich eine gute Idee hat, auf die ein anderer nicht gekommen ist, kann ein Lied davon singen.

Um nochmals auf das Problem im vorigen Kapitel 13 zu kommen: Wer hat nun den größeren Anteil an der eingetretenen Heilung des Patienten, der Arzt oder der Apotheker, der Pharmakos? Heute würden wir eher von Arbeitsteilung sprechen und wir haben ausgeklügelte Modelle der Entlohnung für die Leistung des Arztes und die

Leistung des Pharmakos entwickelt, Modelle allerdings, deren Grenzen sich heutzutage offen zeigen. Auf den Ingenieur gewendet: Wer hat den größeren Anteil am Erfolg eines neuen Autotypen – der Konstrukteur, die Kollegen in der Produktion oder die Leute im Marketing und im Vertrieb?

Neben diesem Verteilungsproblem von Leistung und Verdienst zeigt sich aber noch ein zweites unterschwelliges Problem – es geht nicht nur um die Zurechnung von Verdiensten und deren Entlohnung, es geht dabei auch darum, wer zur Problemlösung am meisten oder entscheidend beigetragen hat – und damit auch das Sagen hat. Die erwiesene Effektivität einer Leistung zwingt offenbar zur Zustimmung. Die Organisation von Zustimmung hat etwas mit Anerkennung und mit Einfluss und damit mit Macht zu tun.

Wir müssen versuchen, noch etwas tiefer zu sehen. Wir beklagen uns – oft zu recht –, dass Kaufleute und Politiker, aus welchen Interessen auch immer, zuweilen technische Entwicklungen, neue Möglichkeiten behindern oder gar verhindern würden. Nun ist, um die Ehre der Politiker und Ökonomen zu retten, die Grundmotivation ja nicht die Verhinderung als solche, bis auf wenige Ausnahmen, sondern es spielt bei den angeblichen oder vermeintlichen Antagonisten unserer Ingenieure und Techniker ein anderes Moment eine Rolle. Dies ist ein Moment, für das unsere Ingenieurinnen und Ingenieure schon von der Ausbildung her überhaupt nicht vorbereitet sind: Wir stoßen wieder auf Machtfragen. Denn Anerkennung und Einfluss sind die Voraussetzung zur Macht, aber noch keine Garanten.

Herrschaft und Knechtschaft

Bei Georg Friedrich Wilhelm Hegel (1770–1831) – auch wenn man ihn nicht gerade als Zwangslektüre für Ingenieure empfehlen möchte – findet man einen eindeutigen Hinweis, weshalb unser Thema, wer auf wem reitet, das heißt letztlich, wer über wen Macht ausübt, unerschöpflich bleiben wird.

Der Herr wie der Knecht sind, so Hegel in seiner „Phänomenologie des Geistes“,[87] aufeinander angewiesen. Der Herr begehrt etwas, will z. B. einen Schluck Wein. Er könnte versuchen, sich selbst diesen Wein zu besorgen. Als Herr hat er aber einen Knecht für vielerlei Zwecke, vielleicht nicht nur, um sich sein Leben zu erleichtern, sondern um einer anderen Tätigkeit nachgehen zu können, die für ihn wichtig oder verpflichtend ist und die nur er tun kann. Er wird daher andere Tätigkeiten, die ebenso notwendig sind, durch andere erledigen lassen. Er wird also dem Knecht den Auftrag geben, ihm den gewünschten Wein zu besorgen. Hier nun schiebt sich der Knecht, so Hegel, zwischen das Objekt der Begierde des Herrn, nämlich einer Flasche besten Weines, und den Herrn selbst. In dieser Situation kann also nur der Knecht vermitteln. Hat man sich auf das Herrschaft-Knechtschaft-Verhältnis eingelassen, dann bleibt für den Herrn nichts anderes übrig, als zu warten, bis der Knecht dem Geheiß nachkommt und die Flasche bringt. Andererseits bleibt dem Knecht nichts anderes übrig als zu gehorchen und das zu tun, was man ihm sagt, denn er ist auf seinen Herrn hinsichtlich Lohn und Anerkennung angewiesen. Der Ausweg, der Herr möge doch selbst sich seinen Wein besorgen, ist dann versperrt, wenn der Herr, wie Hegel annimmt, der Herr bleiben möchte oder bleiben muss, z. B., weil er seinen Stand nicht verlassen will und auch nicht kann.

Das Herrschaft-Knechtschaft-Verhältnis ist also eine gegenseitige Bindung; der Herr ist auf den Knecht, der Knecht auf den Herrn angewiesen. Der Herr hat den Vorteil, die von ihm befohlene Tätigkeit selbst nicht durchführen zu müssen, der Knecht hat den Vorteil, das von ihm Durchgeführte nicht verantworten, nicht reflektieren oder gar infrage stellen zu müssen und dafür einen Lohn zu erhalten. Soweit, ganz grob, Hegel.

Man kann nun mit Recht einwenden, dass diese Sicht der Dinge nur aus dem 19. Jahrhundert heraus verständlich sei, denn schon bei Marx finden wir eine Kritik an Hegel, wonach das Proletariat, wenn es das Herrschaft-Knechtschaft-Verhältnis verlässt, nicht mehr als seine Ketten zu verlieren habe.

Gleichwohl ist die Existenz von Herrschafts- und Knechtschaftsverhältnissen nicht so leicht aus der Welt zu schaffen – sie finden sich über die Hintertüre der Dienstleistung wieder. „Dienst" kommt von „dienen" und dem Adjektiv „dienlich". Letztere Eigenschaft wurde in unserem Sprachgebrauch zu „nützlich" verkürzt, was dem Wort „Dienstleistung" dann auch seine ursprüngliche Bedeutung als „Leistung eines Dieners" nahm und zu dem gemacht hat, was wir heute darunter verstehen: Nützliche Tätigkeit, die man kaufen kann.

Weshalb erbringen wir Dienstleitungen nicht für uns selber? In all den Situationen, in denen wir keine Zeit hierfür aufbringen wollen oder können, weil wir „Besseres" zu tun haben, aber das nötige Geld dazu haben, oder in Situationen, in denen wir diese Tätigkeit selbst aus Kompetenzgründen gar nicht durchführen können, werden wir uns also Dienstleistungen kaufen.

Und genau hier können wir nochmals auf Hegel blicken: Das Dienstleistungsverhältnis ist ein Herrschaft- und Knechtschaftsverhältnis auf Zeit: Die Angewiesenheit auf die Dienstleistung macht den Kunden ebenso abhängig vom Dienstleister, wie der Dienstleister auf den Auftrag durch den Kunden angewiesen ist. Allerdings haben wir einen Unterschied seit Hegel: Der Herr ist nur Herr auf Zeit, der Knecht ist nur Knecht auf Zeit und die Rollen wechseln, sogar parallel: In einer extrem arbeitsteiligen Gesellschaft sind wir alle gleichzeitig irgendwo Dienstleistungsnehmer und Dienstleistungsgeber.

Dennoch scheint auf der Makroebene eine gewisse Asymmetrie zu bestehen: Im Großen und Ganzen gibt es doch so etwas wie ein einseitiges Dienstleistungsverhältnis: Die Politiker und die Kapitaleigner wollen, die Kaufleute bzw. Finanziers bezahlen, die Techniker entwickeln und liefern. Und nur selten verlässt ein Ingenieur oder Techniker diese Rollenverteilung – man findet Ingenieure und Naturwissenschaftler selten in Berufen und Rollen wie in der Politik oder im Spitzenmanagement. Also doch nur nützliche Reittiere?

Motivation - Vermutungen

Warum also lässt man sich als Naturwissenschaftler, als Ingenieur, zuweilen auch als Philosoph auf ein Herrschafts- und Knechtschaftsverhältnis ein?

Zunächst sei eine vielleicht verblüffende Feststellung gemacht: Wo Macht ist, kommt auch immer wieder Rebellion vor, gibt es Märtyrer wider diese Macht. Die Geschichte ist voll von religiösen und politischen Märtyrern, es gibt auch den einen oder anderen Philosophen, der seine Liebe zur Weisheit mit dem Tode bezahlt hat. Bei den Wissenschaftlern wird es schon knapper, vielleicht kann man Giordano Bruno (1548–1600) dazurechnen, der auch wegen seiner Ansichten über den Kosmos als Ketzer verbrannt wurde, Galileo Galilei (1564–1641) kam mit Prozess und Hausarrest noch glimpflich davon – bei Technikern und Ingenieuren fällt mir dazu wenig ein.

Meine Vermutung ist: Gerade weil Ingenieure und Techniker in diesen Machtfragen vielleicht unbegabt sind (man kann schließlich nicht alles können), wählen sie solche Fächer vielleicht auch deshalb, weil eben diese Fächer neben der Befriedigung der Neugier auch eine mittelbare gesellschaftliche Anerkennung, ein gewisses Bemächtigungserlebnis gegenüber einer Apparatur oder auch gegenüber der Natur zu vermitteln scheinen. In den Büchern meiner Jugendzeit wurden die Großtaten der Technik gepriesen, Forscher und Ingenieure wurden als Vorbild vorgestellt, denen – wenn manchmal auch späte – Bewunderung, Anerkennung und Verehrung sicher war.

Das Erstaunen ist dann allerdings groß, wenn Ingenieure im Laufe ihres Berufslebens feststellen müssen, dass in den seltensten Fällen für bewundernswerte Leistungen in Technik und Wissenschaft noch zu Lebzeiten Anerkennung gezollt wird. Nobelpreise gibt es für technische Leistungen schon gar nicht – und nur ein toter Erfinder ist eben ein guter Erfinder, Ruhm ist immer Nachruhm.

Kennen Sie den ersten Erbauer eines programmierbaren Rechners? Kennen Sie den Erfinder der Maus? Wer erfand die erste automatische Kupplung? Kennen Sie den oder die Erfinderin von ISDN, des

Flachbildschirms, des Handys oder des Internets, der Wasserstoffbombe und des Föhns? Das alles ist nur mehr oder weniger den Fachleuten bekannt. In den meisten Fällen findet – wenn überhaupt – die Anerkennung eben nur durch Fachleute statt, und so kommt es, dass Ingenieure vielfach für die Kollegen, nicht für den Nutzer oder den Kunden konstruieren, weil die Belohnung der Anerkennung eben von den Kollegen kommt und nicht von den Kunden.

Hier tut sich ein Zwiespalt auf – es ist der Knecht, der seine Aufgabe so gut löst, sodass er mehr Anerkennung und damit mehr Einfluss fordert, ohne vorher irgendeine Herrschaft angestrebt zu haben. Es scheint so zu sein, dass der Techniker erst während seiner Tätigkeit beginnt, die Wirkmächtigkeit seines Tun zu erahnen, aber dann ist die Falle schon zu: Er gehört, frei nach Bertold Brecht, zum „*Geschlecht der erfinderischen Zwerge*“,[88] die man für alles mieten kann. Und aus diesem Mietverhältnis kann er sich – so scheint es – ein Berufsleben lang nicht mehr befreien.

Mit anderen, noch provozierenden Worten: Leistung und erfolgreiche Entwicklung im Bereich der Technik sind auch heute noch lange keine hinreichende Voraussetzung für gesellschaftliche Macht und gar Anerkennung im Sinne von Bekanntheit, Ruhm und Ehre.

Man kann dies übrigens nicht der Mediengesellschaft in die Schuhe schieben, die im Jahr 2004 einen leicht töricht wirkenden, vollständig talentfreien Jungstar in einer ZDF-Umfrage zu den hundert bedeutenden Deutschen rechnete: Dieser Effekt findet sich auch schon in einer Gesellschaft, die noch ohne elektronische Medien existierte. Man muss nur die Zeitungen aus dem 19. Jahrhundert lesen. Die Ursachen liegen tiefer.

Dies führt uns am Ende dieses Buches zu einem kurzen Blick auf die Geschichte des Selbstverständnisses der Ingenieure und Techniker.

Vom Selbstverständnis der Techniker und Ingenieure

Um die Emotionen, die bei diesem Thema auftreten, verständlicher werden zu lassen, möchte ich doch einen kurzen Blick auf die Zeit werfen, als der Kampf um die Anerkennung der Leistungen der Technik in der Auseinandersetzung um die Technischen Hochschulen gipfelte, also um die Jahrhundertwende.

So schrieb der Ingenieur und Hochschullehrer Alois Riedler (1850–1936)

> *„Jetzt jedoch, wo die Technik mit vollkommenen Mitteln alles Leben und Schaffen umgestaltet, wo kein Mensch ihren Wirkungen entrinnen kann, noch ihnen entsagen will, jetzt wird von Technik zwar viel, aber nur erniedrigend geredet und die Technik nicht als Kulturbringer anerkannt, sondern nur als ‚mechanisierendes' als ‚Maschinenzeitalter' erniedrigt und verdammt. In der Technik wird ein Gegensatz zu ‚Geist', zu ‚Ideen' hineingedeutet, alles Geistige zuungunsten der Technik verdeutet – nur bei uns! Dieser erkünstelte Gegensatz wirkt schädigend auf Fortschritt, Dasein und Volkswohl, schon seit langer Zeit".*[89]

Solche Donnerworte mögen als Ausdruck einer tief empfundenen Enttäuschung darüber interpretiert werden, dass das Kaiserreich systematisch und erfolgreich den Stand der Ingenieure und Techniker von politischen Entscheidungsprozessen fernhielt und die gesellschaftliche Rolle des Ingenieurs nicht der tatsächlichen Potenz dieser Berufsgruppe zur Veränderung der Verhältnisse durch Technik entsprach. Als Gegenstrategie wurde, nachweisbar schon in der zweiten Hälfte des 19. Jahrhunderts, die Argumentation ins Feld geführt, Technik als ein

> *„allgemeines, übergreifendes und zugleich verbindendes Kulturgut aufzufassen und zu propagieren"*[90] (ibd. S. 4).

Auch zielte die Forderung nach Reformen und Öffnung der Technischen Hochschulen und der Ausweitung der Lehrinhalte um fachübergreifende soziale, volkswirtschaftliche, rechtliche und künstlerische Themen wohl ebenfalls in diese Richtung,[91] wenngleich auch das Defizit der Ingenieurausbildung im Bereich dessen, was wir heute soziale Kompetenz nennen, beispielsweise in der Weimarer Republik, aber auch im Kaiserreich durchaus klar erkannt und diskutiert wurde:

> *„Die Technik ist nicht nur ein Mittel, Geld zu verdienen, sie ist die Kunst, die gewaltigen Kräfte der Natur dem Menschen für die vielfältigen Zwecke der Kultur dienstbar zu machen. Erst aus der Geschichte der Technik kann man, wie sonst vielleicht nirgends, die Achtung vor der wirklichen Ingenieurarbeit lernen.“*[92]

Gleichwohl war da ein Widerspruch. Bis zum Ende des Zweiten Weltkriegs, zum Teil auch noch danach, waren die meisten Ingenieure davon überzeugt, dass Technik an sich wertneutral sei, dass Mittel sich also unabhängig vom Zweck entwickeln und optimieren ließen. Viele Technikhistoriker sehen darin eine heute noch *„wirkmächtige Argumentation, die letztlich jede politische Mitverantwortung der technischen Intelligenz“* negiere[93]. Man kann allerdings schlecht die Zweck- und Wertneutralität der Technik behaupten, und ihr gleichzeitig einen höheren, selbstständigen Kulturwert zubilligen wollen. Wer Mitsprache verlangt, wird, wenn er sie erhält, für die Entscheidungen mitverantwortlich. Ein Festhalten an der These von der Neutralität technischer Mittel wäre also auf eine Bedeutungsverringerung der Technik hinausgelaufen, die von den standespolitischen Vertretern so sicher nicht gewollt war.

Der aus dem Kaiserreich stammende Topos vom Kulturfaktor Technik hatte soziologisch wohl noch eine andere Funktion, als nur für die Begründung eines sozialen Aufstiegs eines sich benachteiligt fühlenden Berufsstandes herzuhalten. Der Soziologe Ernst Topitsch hat daraus abgeleitet, dass die letztlich nicht erfolgte soziale und intellektuelle Emanzipation der Technischen Intelligenz aus ihrer Sicht noch nicht erfolgreich abgeschlossen worden sei. Dies sei auch ein Ausdruck dafür, dass das deutsche Bildungsbürgertum – mit überwiegend humanistisch-geisteswissenschaftlichen Idealen, aber politisch immer noch dominierend – das traumatische Erlebnis der wissenschaftlich-technischen Revolution bis heute nicht verarbeitet und gesellschaftlich umgesetzt habe.[94]

Technik und Psychologie

Vielleicht mag hier ein Blick in die Psychologie hilfreich sein, einer Wissenschaft, die zum Verständnis für Motivationen menschlicher Handlungen einiges beizutragen vermag. Es gibt zahlreiche Untersuchungen zur Ingenieurspsychologie, die sich auf die mentalen und kognitiven Prozesse beim Problemlösen, bei der Konstruktion und bei der Bewältigung organisatorischer Aufgaben beziehen. Es gibt jedoch auch Untersuchungen über das Weltbild des Ingenieurs, eben seine Sicht der Welt und auch der politischen Verhältnisse, denen gegenüber er sich meist abstinent verhält. Die hier interessierenden Untersuchungen beziehen sich jedoch auf die Motivationen technischen Handelns beziehungsweise auf die Persönlichkeitsstrukturen, die entscheidende Faktoren für eine Vorliebe zur Technik und zum technischen Handeln darstellen könnten.

Hier hat man gewisse Korrelationen gefunden zu Eigenschaften, die hier – zugegebenermaßen sehr pauschal – zusammengetragen werden:[95]

- Neigung zur Konfliktvermeidung in Gruppen und sozialen Institutionen
- generell eher introvertierte als extrovertierte Grundzüge
- Ergebnis- und zielorientierte Motivationsstrukturen
- eine gewisse Zurückhaltung in Sprachverwendung und Ausdrucksmöglichkeiten[96]
- Ansprechbarkeit auf ästhetische Momente wie Eleganz einer Lösung oder eines Geräts
- neben Ernsthaftigkeit, Pflichtbewusstsein, Gründlichkeit und Fleiß aber auch die Lust zur Variation – d. h. Spieltrieb
- bisweilen etwas maskulin betonte Kommunikationsformen, oftmals auch Gebrauch von Metaphern und Bildern aus dem militärischen Bereich.

Neben diesen eher klischeehaften Korrelationen zwischen Berufswahl und persönlichen Eigenschaften geben die Verwendung von Metaphern und sprachlichen Bildern in der Regel einen guten Aufschluss über die mentale Verfasstheit eines Berufsstandes. Auffallend ist hier, dass viele Techniker, Ingenieure, aber auch Physiker, gerade im angelsächsischen Bereich, bei den Ergebnissen ihrer Arbeit von *„it's my baby"* reden. Ob dies zur psychoanalytischen Aussagen reicht, dass männliche Ingenieure gegenüber den Frauen einen Gebärneid entwickelt hätten, den sie dann mit technischen Hervorbringungen in gewisser Weise unbewusst zu kompensieren trachten, mag dahingestellt sein.

Es fällt auch auf – und auch dies ist ein Thema, das zu den Faktoren der Technikgestaltung zu gehören scheint –, dass es Beziehungen zwischen dem Design einer Technologie und offenkundig ästhetischen bis erotischen Momenten gibt. Wer dies für abwegig hält, der frage sich einfach, warum High-Tech-Werbung und noch nicht einmal nur diese, sondern ganz schlichte Werbung für Messgeräte in einem eher spröden Fachblatt, z. B. der Leistungselektronik, mit weiblichen Reizen meint arbeiten zu müssen. Das begann schon in den 60er Jahren in der BRD und war auch mit entsprechender Zeitverzögerung in der Werbung in der DDR zu finden. Man sehe sich doch einmal die früheren Karosserien der Autos an, die nicht unter dem Optimierungsdiktat des Windkanals entstanden sind, sondern bei denen Designer und Konstrukteure freie Hand hatten.

Es findet sich in den psychologischen Profilen der Technikschaffenden eine starke Korrelation mit den Eigenschaften einer im Allgemeinen hohen Leistungsbereitschaft sowie der Bereitschaft oder Neigung, sich eher unterzuordnen. Hortleder hat in seiner Untersuchung gezeigt,[97] dass eine gewisse politische Uninteressiertheit und damit einhergehend auch eine gewisse Unkenntnis politischer Zusammenhänge den Berufsstand der Ingenieure anfälliger als andere macht, sich politisch instrumentalisieren zu lassen.

So hat man erst in den letzten Jahren begonnen, die Geschichte des VDI im Dritten Reich aufzuarbeiten. Es zeigte sich, dass gerade Persönlichkeiten wie Fritz Todd oder Alfred Speer sich auf die dienende Funktion ihres Berufes berufen haben. Es wäre dem Naziregime ohne die Leistungen der Ingenieure in Deutschland wahrscheinlich noch nicht einmal möglich gewesen, den Zweiten Weltkrieg überhaupt nur zu beginnen.

Sicher hat sich die mentale Grundausstattung des Ingenieursberufs mittlerweile verändert – zumindest in den Reden der standespolitischen Vertreter hören wir von der Notwendigkeit, Verantwortung zu übernehmen und sich gesellschaftlich und politisch zu engagieren, allerdings fehlen uns neuere psychologische Untersuchungen über das Psychogramm unserer Ingenieure.

Das sich etwas geändert hat, ist unstrittig. Das negative Image des Technikers und Ingenieurs wandelt sich unter dem Druck der veränderten Kommunikationsformen in den Betrieben. Denn als ein fremdbestimmter Diener anderer Interessen, introvertiert, von großer Sprachnot, kommunikationsschwach, unfähig, soziale Konflikte zu lösen, geschweige denn produktiv und vorteilhaft für sich umzusetzen, wie man ihn oft dargestellt hat, hätte der Ingenieur kaum Chancen, in die wirklichen Führungsränge unserer Gesellschaft zu gelangen, was ja heute zunehmend der Fall ist. Auch würden mit diesen Eigenschaften die mittleren Verdiensterwartungen weit hinter dem bleiben, was junge Leute sich für ihr Leben so vorstellen.

Bleibt die Frage, ob ein Ingenieur dies alles für erstrebenswert hält. Wenn ein ganzer Berufsstand sich medial sehr positiv darstellt, wie dies z. B. im Jahr der Technik 2004 geschehen ist, dann ist dies nicht nur der Absicht geschuldet, das Nachwuchsproblem für technische Berufe durch Erzeugung von Faszination zu lösen, sondern auch das Image eines ganzen Berufsstandes zu rehabilitieren, ja neu zu definieren. Das scheint in den letzten 10 Jahren auch gelungen zu sein.

Nochmal: Verantwortung

Die in Technikwissenschaften und Ingenieurwesen Tätigen haben nach Auffassung der Deutschen Akademie für Technikwissenschaften (acatech) eine besondere Verantwortung:

> *„Er trägt eine herausgehobene Verantwortung für das Gedeihen unserer technischen Welt und für ihre Sicherheit bei aller unvermeidbaren Unvollkommenheit. Zugleich hat er gerade aufgrund seiner fachlichen Kompetenz gegenüber der Gesellschaft die Verpflichtung, erkannte Unwägbarkeiten und weiterhin bestehenden Unsicherheiten zu kommunizieren und frühzeitig darauf hinzuweisen, wann und wo ein gesellschaftlicher Klärungsbedarf besteht bzw. bei künftig möglicher Technik entstehen könnte. Die Verantwortung der Technikwissenschaftler und Ingenieure ist damit nicht nur eine Verantwortung für das bestmögliche Funktionieren einer menschenfreundlichen Technik, für den sparsamen und schonenden Umgang mit den natürlichen Ressourcen. Sie ist ebenso eine Verantwortung für das Aufzeigen von denkbaren und machbaren Alternativen in der künftigen Gestaltung unserer technisierten Welt. Technikwissenschaftler und Ingenieure müssen die Zukunft offen halten."*[98]

Es ist klar, dass eine ungenaue und unklare Festlegung von Verantwortungsbereichen zu einer Überlastung des Einzelnen führt, die arbeitsteilige Verantwortung haben wir ja schon oben in Kapitel 13 besprochen. Die gebetsmühlenartigen Haftungsausschlüsse *(disclaimer),* die man überall lesen kann, sollen der juristischen Verantwortlichkeit für alles und jedes vorbeugen, und das ist auch richtig so. Allerdings bleiben moralische Gefühle auf der Strecke, wenn beim Zusammenbruch eines Gebäudes ein Ingenieurbüro von strafrechtlicher Verantwortung wegen Fahrlässigkeit und der zivilrechtlichen Haftung freigesprochen wird, aber dann doch noch ein gewisser Vermutungsrest über eine Ursache-Wirkungskette verbleibt. Recht und Gerechtigkeit wohnen nicht im gleichen Haus, sagt man so schön, Recht und Moral decken sich nicht unbedingt, was zwei wesentliche Gründe hat:

a) Recht, ausgedrückt in Gesetzen, ist in einer parlamentarischen Demokratie das Ergebnis eines Entscheidungsprozesses, der durch sein festgelegtes Verfahren legitimiert ist. Es verändert sich laufend durch diesen Prozess, in den sich widersprechende Interessen einfließen, die ausgeglichen werden müssen. Insofern ist Recht immer ein Regelwerk mit zeitlich begrenzter Gültigkeit. Moral hingegen ist die Menge von normativen Sätzen, die Handlungen, Intentionen und Folgen von Handlungen bei bekannten Rahmenbedingungen bewerten, gebieten, erlauben oder untersagen. Diese Regeln sind Ausfluss von moralischen Überzeugungen, Wertevorstellungen und ethische Prinzipien, die sich eine Gemeinschaft oder ein Einzelner zu eigen macht und die für ihn gelten sollen. Dass diese Maßstäbe universell gültig sein sollen, ist wiederum ein ethisches Prinzip, das man sich zu eigen machen kann oder nicht.

b) Man kann juristisch gesehen im Recht sein und ein schlechtes Gewissen haben und man kann verurteilt werden und sich dennoch auf der moralisch richtigen Seite fühlen. Da das Recht das Ergebnis eines permanenten Nachjustierprozesses ist, kann es schreiende Ungerechtigkeiten, die es im Einzelfall tatsächlich erzeugen kann, nicht sofort, sondern erst durch die Gesetzgebung beseitigen. Diese zeitliche Verzögerung gibt Anlass zu zahlreichen medialen Aufregersendungen. Gesetze sind nie ideal, kommen zu spät und erfassen nie alles. Die moralische Überzeugung stellt sich jedoch sofort ein. Da die fundierten ethisch-philosophischen Begründungen eine langwierige Sache sind, schlug René Descartes (1596–1650) eine provisorische Moral vor: Wenn man einen Dom mit der Bauzeit von mehreren hundert Jahren bauen will, braucht man zuerst eine Hütte, in der man schon mal anfangen kann.[99]

Gestaltung von Lebensbedingungen

Von Technikschaffenden, Wissenschaftlern, Entwicklern, Konstrukteuren, Praktikern, Technikern, Fachleuten, und nicht zu guter Letzt Handwerkern wissen wir, dass sie unsere Lebensbedingungen mitgestalten, an denen wir uns erfreuen und an denen wir auch manchmal leiden. Dadurch haben sie alle eine Verantwortung, die sicher über den Rahmen des Haftungsrechtlichen hinausgeht, aber wir sollten dennoch die Kirche im Dorf lassen. „*Slippery when wet*" heißt in den USA die Aufschrift auf Holzbohlen der Hotelterrasse – wer hätte es gedacht. Gebrauch von Technik impliziert auch eine Eigenverantwortung, und diese gebietet, sich zu informieren und sich ein gewisses Wissen über Technik und Welt anzueignen, um sich und andere nicht zu schädigen.[100] Das amerikanische Haftungsrecht scheint die Leute für dümmer zu halten, als sie sind – mit der Folge von horrenden Schadensersatzsummen, z. B. für an Krebs erkrankte Raucher. Dies ist mit europäischen Rechtsvorstellungen kaum nachvollziehbar.

Was der Disclaimer auch sagen mag – er entbindet nach ethischem Verständnis hierzulande die Technikgestalter nicht, mögliche Missbräuche und missliche Folgen im Voraus zu bedenken, auch wenn klar ist, dass wir niemals alle Folgen und Nebenfolgen wissen können, geschweige denn sie schon vorher alle kontrollieren könnten. Trotzdem ist eine Kunst der Abwägung zwischen allen Beteiligten gefordert, die sich schon daraus ergibt, dass sich die Verantwortung verteilt und wir nicht immer alleiniger Herr im eigenen Hause sind.

Wir sind, wenn es um Verantwortung in Technikgestaltung, Politik und auch in der Gestaltung unserer Weise des Wirtschaftens geht, zur Kommunikation und zur Kooperation verdammt. Die Sache wird deshalb kompliziert, weil die Kommunikations- und Kooperationsformen durch eben die Technik selbst, über deren Gestaltung wir beraten, befinden und urteilen sollen, in einer kaum nachvollziehbaren Weise in den letzten 30 Jahren verändert worden ist. Wir kommunizieren über Kommunikationsformen genau in den Kommunikationsformen, wir reden über Gestaltung von Datenbanken und benutzen sie gleichzeitig, wir diskutieren über die Konstruktion eines Motors und benutzen dabei gleichzeitig die softwarebasierten Werkzeuge des *Simultaneous Engineering*. Das mag paradox erscheinen und ist es auch.

Dieses Paradox besteht darin, dass wir keine Theorie der Kommunikation in Organisationen haben, die über eine bloße Phänomenologie hinausginge. Wir müssen also das Verstehen von Kommunikation ausprobieren, indem wir kommunizieren, weil wir es nicht besser wissen.

Kommunikation über Erfahrung erzeugt Veränderung von Weltbildern, also von unseren Vortheorien, oder sollten wir sagen, Vorab-Urteilen. Diese Vorab-Urteile orientieren uns bei der Einordnung neuer Erfahrungen. Eine diese neuen Erfahrungen ist neben der Globalisierung die radikale Umgestaltung unserer Lebenswelt durch die Informations- und Kommunikationstechnologien. Dabei haben die Geistes- und Sozialwissenschaften bisher keine gute Figur gemacht – bösartig gesagt: sie haben anfänglich den Einsatz des Computers für Literaturrecherchen für das Verstehen des Computers gehalten, anstatt sich mit Hackern, Informatikern und Systemdesignern an einen Tisch zu setzen und das Gespräch zu beginnen.

Umgekehrt mussten die Gestalter erst lernen, dass Optimieren noch nicht Verstehen heißt. Der Dialog zwischen Technik und Sozial- und Geisteswissenschaften ist immer noch mühselig – unterschiedliches Vokabular, hinderliche akademische Zwänge und Karrieremuster, abgebrochene Projekte, Missverständnisse, keine sofort umsetzbaren Ergebnisse, daraus folgend Budgetkürzungen, all das macht es nicht attraktiv, diesen Dialog fortzusetzen, wenn man nicht gerade überzeugt ist, dass dieser Dialog länger währen muss als eine Legislaturperiode oder ein Sonderforschungsprogramm.

Engineering meets Philosophy

„Ingenieure sind im Allgemeinen keine Freunde der Philosophie, und wer die Tätigkeit des Ingenieurs kennt, seine Arbeit und sein Streben, wird es begreifen, dass er den subtilen Untersuchungen nicht folgen will, vielleicht auch nicht folgen kann. Der Grund hierfür scheint hautsächlich darin zu liegen, dass sein ganzes Wesen ihn zu Taten drängt. Am Anfang war die Tat, und nur sie entscheidet: das könnte man als Motto seiner Wissenschaft setzen. Nicht Worte und Begriffe sind für ihn bedeutend, sondern ihre Umsetzung in reale Werte; so gleicht das Ergebnis seiner Tätigkeit einem gewaltigen Bau, der sichtbar in die

reale Welt hinausragt, während das Gebäude der Philosophie ihm wie ein Luftschloss erscheint, das nur im geistigen Auge weniger weltfremder Denker besteht.“[101]

Eine Reihe solcher „weltfremder Denker“ arbeitete seit Anfang der 50er Jahre mit den Ingenieuren zusammen – es war die Arbeitsgruppe „Technik und Philosophie“ im Bereich „Gesellschaft und Technik“ des Vereins der Deutschen Ingenieure, dessen letzter Leiter von 2003 bis 2009 zu sein ich die Ehre hatte. Das Ergebnis waren u. a. Richtlinien zur Technikbewertung, ethische Leitlinien der Ingenieursverantwortung, Überlegungen zum Umgang mit fremden Kulturen und die Herausforderungen, welche die demografische Entwicklung an uns stellt.[102] Der Umbau des VDI und die Trennung in eine mehr business-orientierte GmbH und einen gemeinnützigen e. V. ließ wohl keinen Platz mehr für solche Aktivitäten, vor allem wurde ein permanenter Dialog ohne vorzeigbares Ergebnis abgelehnt.

Vielleicht krankte die Sache auch daran, dass z. B. der VDI und die Gesellschaft für Informatik getrennte Wege beim Versuch einer philosophischen Reflexion über Technik und Ingenieure gingen – denn Informatiker verstehen sich nicht als Ingenieure und umgekehrt. Die technische Entwicklung hat diese standespolitische Trennung allerdings schon längst überholt: Ohne Software geht auch in den klassischen technischen Fächern wie Maschinenbau, Elektrotechnik oder Bautechnik weder konzeptionell, konstruktiv, in der Produktion wie Handhabung so gut wie nichts mehr. Auch in der Gesellschaft gab es eine breite Diskussion über eine Theorie der Informatik, die auch nach einem gesellschaftlichen Selbstverständnis der Informatik suchte. Auch diese Diskussion kam nach der Jahrtausendwende zum Erliegen, weil sie zunächst kein belastbares Projektergebnis vorweisen konnte.

Genau diese Projektorientierung ist aber der Tod des Dialogs und der Kommunikationsform, die sich begreifend mit der Analyse, der Deutung, und der Reflexion von solchen neuen Erfahrungen auseinandersetzt, die wir tagtäglich mit den neuen Hervorbringungen der Informations- und Kommunikationstechnologie (IKT) machen können. Gerade hier braucht es dringend die Interdisziplinarität. Die Erfahrung in den Hochschulen ist jedoch entgegengesetzt: Wer sie praktiziert, setzt seine akademische Karriere aufs Spiel. Doch die Probleme tun uns nicht den Gefallen, sich um traditionell gewachsene Disziplinen und Fakultätsgrenzen herum zu strukturieren.

Trotzdem hat das Nachdenken auf breiter Basis begonnen, z. B. über die demografische Entwicklung, und sie bringt notgedrungen Fachleute aller Couleur und Disziplinen zusammen.[103] Natürlich sind die Technikgestalter gefordert, wenn es um *Ambient Assisted Living* geht, also um die Technik, die wir brauchen werden, wenn ein Heer alter, einsamer und gebrechlicher Singles in ihren Apartments, unterstützt von Pflegerobotern, Alarmsystemen, medizinischen Überwachungsgeräten und Unterhaltungselektronik, leben werden – sozusagen auf gesellschaftlich verteilter ambulanter Intensivstation. Es werden aber noch andere Fragen auftauchen, die der Ingenieur nicht beantworten kann, aber bei deren Diskussion er dabei sein sollte: Wenn wir länger leben und das Erwerbsleben nur noch einen geringeren Teil unseres Lebens ausmacht, wie wird sich dann die gesellschaftliche Partizipation verschieben? Wer bestimmt über die gerechte Verteilung der Mittel für die Alterssicherung, die mit höherem Alter und damit einhergehend höherer Morbidität in der Gesamtbevölkerung wesentlich kostenintensiver werden dürfte? Reicht eine Kostendämpfung durch Techniken, die die Zuwendung, den personellen Aufwand und die medizinische Fürsorge weitgehend automatisieren? Oder gibt es langfristig Lösungen, zu sozialen Strukturen zu kommen, in denen diese Probleme eher auf mikrosozialer Ebene, zumindest teilweise in Angriff genommen werden können?

Die Großfamilie mit drei Generationen an einem Ort, der zugleich Lebensraum, Verdienstmöglichkeit, Platz für Kinder und Familie und Alterssitz integrierte, hatte drei Voraussetzungen: Zum einen die Sesshaftigkeit – der Ort der Arbeit war konstant, meist eine Fabrik oder Institution in der Nähe mit bestimmten Standortbedingungen, zum andern die Konstitution der Familie mit ihren rechtlichen, moralischen und traditionellen Bindungen und schließlich die relativ kurze Zeitspanne zwischen dem Ende des produktiven Lebensabschnitts und dem Ende des Lebensabends.

Alle drei Voraussetzungen sind weggefallen und Technik beginnt, den Wegfall dieser Voraussetzungen zu kompensieren: *Mobile Empowerment* heißt z. B. ein Programm der Deutschen Akademie der Technikwissenschaften, das Geräte und Netze für ein „nomadisches" Arbeitsleben zur Verfügung stellt. Der Arbeitsplatz ist nicht mehr die Fabrik, sondern das Netz, also potenziell überall. Die Adresse zuhause wird zur IP-Adresse. Patchwork-Familien, deren Mitglieder nicht mehr mit gebrochenen, sondern selbstverständlich fluktuierenden Biografien ihr Leben gestalten, Wohngruppen auf Zeit, eingetragene Partnerschaften, bis hin zu den Single-Haushalten, deren Anzahl in den Großstädten die 50-%-Marke längst überschritten hat – all diese Formen wären ohne die neuen Kommunikations- und Reisemöglichkeiten schwer vorstellbar. Allerdings wäre es weit hergeholt zu behaupten, dass diese neuen Möglichkeiten allein diese Veränderung in der Sozialstruktur hervorgerufen hätten. Auch der Wegfall der dritten Voraussetzung wird von der Technik, eben durch die Konzepte des *Assisted Ambient Living* in gewisser Weise zu kompensieren versucht.

Der Ingenieur lebt heute in einer Welt, in der das Internet der Dinge keine Einzelbetrachtung einzelner Technologien oder Branchen mehr erlaubt. Man braucht den Spezialisten nach wie vor, aber man braucht auch denjenigen, der sich schnell in die komplexe Struktur der organisatorischen Hülle einarbeiten kann, die, wenn man die Grenzen etwas locker zieht, für fast alle Technologien mittlerweile weltweit ist. Das Netz wird das Testfeld in der Technik nicht ersetzen und die Naturwissenschaften werden weiterhin Erkenntnisse liefern, deren Anwendung sie nicht vorhersehen können, aber die Grenzen zwischen „reiner" oder Grundlagenwissenschaft und angewandter Wissenschaft oder besser zwischen erkenntnisorientierten und handlungsorientierten Wissenschaften verschwimmen immer mehr. Der Ingenieur ist Praktiker und Theoretiker, Manager und Technikwissenschaftler zugleich, er muss etwas von Organisation und Institutionen verstehen, er muss wirtschaftlich denken können und er braucht moralische Urteilskraft. Deshalb hat er auch manchmal mit Philosophie zu tun.

Was der Ingenieur tun kann

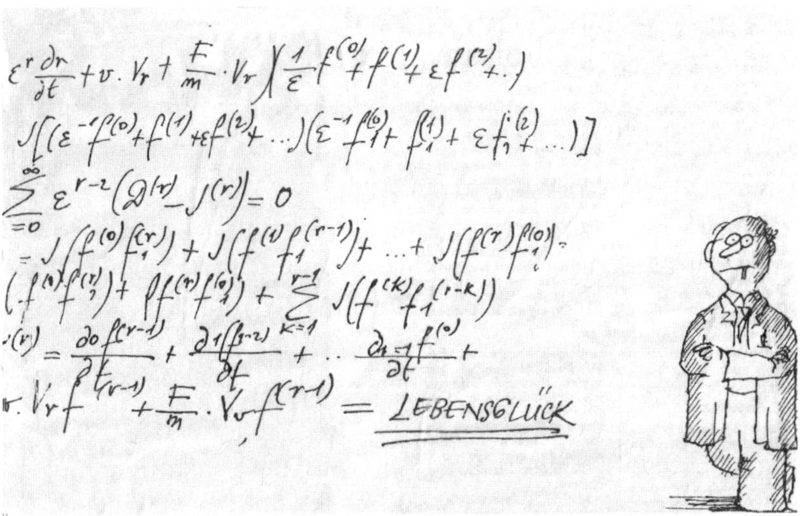

Abb. 28: Lebensglück (Quelle: Valdimir Rencin)

Soll der Ingenieur philosophieren? Oder soll er es halten, wie man zu meiner Zeit im Physikalischen Institut reagierte, wenn wir als junge Diplomanden versuchten, eine philosophische Debatte über die Quantentheorie vom Zaun zu brechen, nämlich *„Shut up, and calculate!"*

Die Ingenieure sollten aber nicht den Mund halten. Denn was wir brauchen, ist eine Technik, die uns möglichst viel Freiheit in der Gestaltung unserer gesellschaftlichen und alltäglichen Lebensvollzüge lässt. Dies ist ein Kriterium: Je mehr Optionen offen sind, umso besser ist eine Technik, die uns diese Optionen erlaubt. Wir sollten deshalb nicht nur unsere technischen Möglichkeiten preisen, sondern wir sollten auch über Technik nachdenken. Über Technik nachdenken heißt letzten Endes über den Menschen nachdenken.

Ich möchte zum Schluss stellvertretend vier Bereiche nennen, in denen der Ingenieur – auch um einer verantwortungsvollen Technikgestaltung willen – den Mund eben nicht halten sollte, sondern im gesellschaftlichen Dialog und in der kulturellen Auseinandersetzung mitmachen sollte, um sein Wissen, seine Erfahrung und seine Verantwortungsbereitschaft einzubringen. Ebenso ist der Philosoph aufgefordert, sich einzumischen und dafür muss er wohl oder übel auch ein wenig etwas über Technik wissen.[104]

Die Energiewende ist nicht nur ein poltischer Kraftakt, sie fordert Meisterleistungen der Technik (man denke nur an Smart Grids und Speichertechnologie), der Organisation und der ökonomischen wie gesellschaftlichen Gestaltung von Anreizen. Gegebenenfalls werden wir auch unser Verbraucherverhalten verändern müssen. Hier gehören alle an einen Tisch und die Ingenieure dürfen die Politiker nicht alleine lassen. Ohne Machbarkeit gehen die schönsten Geschäftsmodelle nicht, ohne gute Organisation, Akzeptanz und Kommunikation funktionieren die schönsten neuen Technologien nicht.

Die biologische Forschung und Entwicklung der letzten Jahrzehnte hat zwei Trends der Technikentwicklung gezeigt:

1. Die Informatisierung der Technik, also die Durchdringung der herkömmlichen Technik mit ersetzenden, unterstützenden und erweiternden Komponenten der Informations- und Kommunikationstechnik, die auch zu einer Verbindungsmöglichkeit von allem mit allem führten könnte (dem Internet der Dinge, falls man das will).
2. Die Biologisierung der Technik; darunter sind zwei Richtungen zu verstehen: Zum einen können wir aus bestehenden Organismen neue Organismen schaffen, z. B. durch gentechnische Manipulation. Wir können zum andern auch Gewebe wachsen lassen – Ersatzorgane und dergleichen. Dies verändert die Vorstellung von dem, was und wie technisch gestaltet werden kann, ziemlich radikal. Leben ist dem Zugriff des Künstlichen nicht mehr entzogen, auch wenn wir noch keine lebende Zelle ausschließlich aus Komponenten der organischen Chemie herstellen können. Wir können also zunächst nur umbauen, nicht neu bauen.

Beide Trends haben bis heute ethische Diskussionen hervorgerufen: Beim ersten Trend sind wir in einem Dilemma, das durch Erwartungen an die ökonomischen Möglichkeiten und Lebenserleichterungen eines Internets der Dinge und den Bedenken über mögliche Veränderungen unserer gesellschaftlichen Strukturen und persönlicher Selbstbestimmung aufgespannt ist.
Beim zweiten Trend sind wir in der Zwickmühle zwischen dem medizinischen Fortschritt, der uns ja immer verheißen wird, und den moralischen Bedenken über Eingriffe in das „Innere der Natur“ oder den Kernbereich der Persönlichkeit des Individuums. Es geht um mögliche, aber nicht vorhersehbare Veränderungen der Umwelt des Menschen, um sein Selbstverständnis, wenn es um genetisches *enhancement* geht – wer entscheidet, in welche Richtung der Mensch optimiert werden soll? Die Geningenieure oder gar die Philosophen oder Theologen? Weder – noch. Was kann man verantworten? Hier ist der Dialog zwischen Fachleuten und Ethikern nötiger denn je und er wird ja auch geführt; aber die in diesem Bereich Tätigen müssten die Anstrengung eines solchen Dialogs um der Verantwortung willen, die sie als Fachleute haben, aus- und durchhalten. Was alle angeht, muss auch von allen diskutiert werden können.[105]

Unser **Umgang mit Wissen** ist im Zeitalter der angeblichen allgegenwärtigen Verfügbarkeit des Weltwissens auf jedem Laptop von heftigen kategorialen Missverständnissen begleitet. Das erste ist die Vermengung von Information und Wissen. Es ist nach kurzer Lektüre klar, dass unterschiedliche Disziplinen völlig verschiedene Begrifflichkeiten verwenden. Ich schlage folgende Trennung vor: Was sich in Büchern, auf dem Laptop und in Datenbanken befindet, stellt Information dar. Wissen ist verstandene Information, die in bereits bestehendes Vor-Wissen integriert wird. Um Information zu verstehen, bedarf es kognitiver Akte, die es erlauben, entsprechend einer verstandenen Information zu handeln oder wiederum Information zu erzeugen. Mit dieser Unterscheidung wird deutlich, dass man zum Erwerb von Wissen Zeit braucht, der Besitz eines Laptops oder einer Bibliothek ist nicht hinreichend dafür. Verstehen braucht Zeit, dies wird in der Euphorie um die massenhafte und sofortige Verfügbarkeit von Information gern vergessen. Die Rede vom Weltwissen ist damit hinfällig: Niemand kann die ganze Information rezipieren, die verfügbar ist, in jedem Kopf befindet sich daher ein anderes Wissen. Darüber müsste jeder mit jedem kommunizieren und sich austauschen können, was bei sieben Milliarden Menschen praktisch unmöglich ist. Das Weltwissen ist in den Köpfen und in Gänze nicht verfügbar.

Selbst die massenhaften Abhöraktionen einer NSA können zwar Informationen *en masse* speichern, sie verwendet auch semantische Filtertechniken, um aus der Informationsflut für sie interessante und relevante Informationspakete wie Gespräche oder Emails herauszufiltern – aber die Analysten der NSA können sie nur auswerten und für ihre Zwecke nutzen, wenn sie sie verstanden haben. Dazu bedarf es Zeit. Deshalb wird man sich aus Kostengründen auf schneller auswertbare Datenanalysen stützen – nicht was gesprochen oder gemailt wurde, sondern, wer wann mit wem mit welchem Stichwort gemailt oder gesprochen hat. Dass man daraus möglicherweise falsche Schlüsse ziehen könnte, was in dem Gespräch oder der Mail gemeint war, wird in Kauf genommen. In der Anwendung dieser Techniken liegt eine Bedrohung für unser Verständnis von Freiheit und Privatheit, das wir uns angesichts dieser Praktiken erneut bewusst machen sollten. Hier sollte der politische Wille gewissen Techniken Einhalt gebieten und die Ingenieure und Informatiker sollten an dieser Willensbildung aktiv mitwirken.

Kommen wir noch einmal zum **Problem der Entscheidung zurück**, das ganz am Anfang dieses Buches ein Thema war. Wenn Algorithmen die Entscheidung nicht unterstützen, sondern ersetzen, und dies in einem für menschliche Maßstäbe nicht nachvollziehbar kurzen Zeitintervall, dann ist dies keine Entscheidung mehr, sondern nur noch die abgeleitete Konsequenz. Diese ergibt sich zwangsläufig aus Eingangskonstellation und Kriterien, die in den Algorithmus hineingesteckt worden sind. Man kann den Algorithmus noch so adaptiv gestalten – es bleibt eine deduktive Prozedur, die allerdings niemand nachvollziehen kann, denn dafür bräuchte man ja die Zeit, die man durch den Algorithmus gewinnen will. Die so errechnete Entscheidung erzeugt Handlungen, wie z. B. den Kauf von Aktienpaketen, was wiederum andere Algorithmen auf anderen Rechnern zu entsprechenden Entscheidungen veranlasst. Diese enge Kopplung, durch die Bedingungen der Globalisierung weltweit leichter möglich denn je, führt letztlich zu einer Gesamt-Maschinerie, deren Prozesse weder voraussagbar noch im Einzelnen kontrollierbar sind. Derjenige, der die Entscheidung an die Maschine delegiert hat, kann nur noch darauf vertrauen, dass das Modell, dem der Algorithmus zugrunde liegt, seinen Interessen auch wirklich entspricht und durch die Wechselwirkung mit den Ergebnissen anderer Algorithmen nicht kontraproduktiv wirkt. Die Umschreibung dieses Gesamtprozesses als eine „kollektive, quasi autonome Dynamik" ist noch eine ziemliche Verharmlosung, weil die Kontrolle über den ganzen Prozess freiwillig aus der Hand gegeben wurde, indem man solche Algorithmen wegen einer erhofften Optimierung von Teilprozessen einführte.

Das Problem der zu engen Kopplung führt uns auf die Katastrophenanalyse von Perrow im Kapitel 2 zurück. Die Forderung wäre Entkopplung und Entschleunigung. Das ist technisch machbar, aber die Betreiber dieser Systeme bräuchten klare Vorgaben. Die müssen von der Gesellschaft, der Politik und letztlich von uns allen kommen. Dies mitzuentwickeln, braucht es ebenfalls die Mitarbeit von Fachleuten, also Informatikern, Ökonomen, Politiker, Soziologen und Ethikern. Denn die Kriterien, denen die Algorithmen unterliegen, scheinen angesichts der Krise der Finanzwirtschaft und letztlich auch der wirtschaftswissenschaftlichen Grundlagen mehr als frag-würdig – also des Fragens würdig.

Fragen war schon immer die Aufgabe der Philosophie.

15. Anhang

Anmerkungen

1 Tom Morris, frei zit. nach: Rutenberg (2000).

2 Vgl. Lewin (1951). Der Satz wird auch dem Philosophen Immanuel Kant, dem Mathematiker David Hilbert, dem Physiker Gustav Robert Kirchhoff und manchmal sogar Albert Einstein zugeschrieben. Es handelt sich also wohl um ein „Wanderzitat“.

3 Rechtfertigung in der religiösen Bedeutung des Wortes meint die Weise, wie das durch Sünde gestörte Verhältnis zwischen Mensch und Gott wieder hergestellt werden kann.

4 Vgl. Weyl (1970), S. 2.

5 Im Alltag heißt so etwas Vorurteil. Wenn wir unsere Vorurteile einem Test unterwerfen, dann konfrontieren wir die Schlüsse, die wir aus dem Vorurteil gewinnen können, mit unserer Erfahrung. Psychologische Untersuchungen zeigen, dass wir unsere Erfahrung meistens danach filtern, sodass sie unsere Vorurteile bestätigen. Wir wollen eben sehen, was wir gern sehen würden. Diesen selektiven Wahrnehmungseffekt gibt es auch in der Wissenschaft.

6 Dies kostet zugegebenermaßen Zeit. Die Technischen Universitäten machen da durchaus Angebote im fachübergreifenden Studium.

7 Die Formatierung (Einzüge) soll die grammatikalische Struktur des Satzes besser verständlich machen. Der Satz stammt aus der „Einführung in den Entwurf eines Systems der Naturphilosophie“ (1799).

8 Das findet sich in einem Gespräch mit Heisenberg, wiedergegeben in: Heisenberg (1969), S. 92.

9 Vgl. Wittgenstein (1989).

10 Vgl. Leibniz (1982), S. 12–13, Abschnitt 7.

11 Die drei ersten Fragen finden sich in Kants Kritik der Reinen Vernunft A 805 bzw. B 833, vgl. Kant (1965), S. 728, die letzte Frage steht in Kants Logik (A 25) in Kant (1968), S. 448.

12 Dies ist die süddeutsche Variante der Aufforderungen, nicht zu viel zu diskutieren, sondern endlich an die Arbeit zu gehen.

13 Vgl. Perrow (1986), S. 18ff.

14 Diese schöne Stilblüte stammt aus der Leipziger Stadtzeitung „Kippe", zitiert aus: DER SPIEGEL Nr. 7 vom 10. 2. 2014, S. 144

15 Vgl. Descartes (1969), IV, 3, S. 55. René Descartes suchte nach einer Möglichkeit, Wissenschaft und Philosophie (zu seiner Zeit war das fast noch dasselbe) deduktiv aus einem einzigen, absolut als gewiss geltenden Satz aufbauen zu können, und nur dieser Satz erschien ihm gewiss. Wir können uns als Wesen mit Selbstbewusstsein selber beim Denken zuschauen, und das ginge nicht, wenn es uns nicht gäbe. Daraus schließen wir auf unsere Existenz. Das klingt ziemlich logisch und ist es auch. Wer es formal mag: Denken = D, Existieren = E, Prämissen: Wenn es uns nicht gäbe, könnten wir nicht denken. Wir denken aber. Schluss: Wir existieren. [(non E → non D) und (D)] → E).

16 In Platons Dialog Theaitetos. Zu finden in: Platon (1990), Bd. 6.

17 Die Deutsche Akademie für Technikwissenschaften, acatech, hat hierzu eine Position entwickelt, siehe acatech (2013).

18 Unter Paradigma kann man dabei die Gesamtheit der betrachteten Fragestellungen, Herangehensweisen, Forschungsmethoden und Interpretationsmöglichkeiten verstehen; d. h. was wird untersucht und in welchem Lichte werden die Phänomene betrachtet.

19 So ist Oskar Lafontaine Physiker, die derzeitige Bundesforschungsministerin Johanna Wanka ist Mathematikerin, die Bundestagsabgeordneten Hupach, Wilms, Vogel, Barndl, Thews sind Ingenieure.

20 Wer Lust hat nachzulesen: vgl. Platon: Der Staat (Politeia) 514a–517a. In: Platon (1990), Bd. 4, S.555–563

21 Vgl. zu diesem Thema auch Livio (2010).

22 Vgl. die Ausführungen bei Kants Kritik der Reinen Vernunft ab A 148, B 187 in Kant (1995), S. 194 ff.

23 Vgl. Diesel (1984).

24 Zu dieser Grundlagenkrise gehört auch die Erfahrung, dass die Grundbegriffe einer Disziplin ihre theoretische Bedeutung verändern. Nobelpreisträger der Wirtschaftswissenschaften, wie Joseph Stiglitz oder Paul Krugmann, kritisieren schon lange deren theoretische Basis. Das Problem liegt kurz skizziert darin, dass die Wirtschaftswissenschaften durch ihre Beschreibung bereits in das zu Beschreibende, nämlich die Wirtschaftsprozesse, eingreifen, indem alle Beteiligten sich nach dieser Beschreibung richten. Vgl. hierzu Groß (2014).

25 Vgl. z. B. den Sammelband Kornwachs (2007).

26 Vgl. die Definition bei Schumpeter (1961). Wir müssten an dieser Stelle zwischen Produkt- und Prozessinnovation und weiteren Innovationsarten unterscheiden. Das würde hier jedoch zu weit führen.

27 Vgl. hierzu Kornwachs, Renn (2011).

28 Vgl. Seneca (1995), Buch. VII, Abschnitte 25 u. 30.

29 Vgl. Seneca (1995), Buch. VII, Abschnitte 31 u. 32.

30 Anwendung eines „Quadranten" zur Berechnung der Flugbahn einer Kanonenkugel aus dem 17. Jhd. Die Berechnungen nach diesem Bild gingen vor Newton noch von der Impetus-Theorie aus: Der Impetus, also das, was die Kugel in Bewegung hält, wird aufgebraucht, und dann fällt die Kugel herunter. (Quelle: http://www.google.de/imgres?imgurl=http://www.feldartilleriebataillon210.de/assets/images/Anwendung_eines_Quadranten.JPG&imgrefurl=http://www.feldartilleriebataillon210.de/html/geschichte_artillerie.html&h=251&w=319&tbnid=qKgCpi7qW5PedM:&zoom=1&tbnh=101&tbnw=128&usg=__QsFigpGK7xPh-OgBW8ggjowbUzA=&docid=3HnwUS6LbCNvgM&sa=X&ei=NuS6U--QM4S3PMKjgOAJ&ved=0CDAQ9QEwAg&dur=457

31 Quelle: http://upload.wikimedia.org/wikipedia/commons/6/62/Vanguard_rocket_explodes.jpg

32 Die Zuverlässigkeitstheorie gibt einen exponentiellen Abfall der Funktionswahrscheinlichkeit in der Zeit an.

33 Vgl. Gassmann, Enkel (2006).

34 Vgl. Wittgenstein (1989), Satz 3.03.

35 Vgl. Kapitel D in Kornwachs (2012).

36 Mit freundlicher Erlaubnis von Rolf Hichert.

37 Isolani zu Tersky in: Die Piccolomini, IV. Akt, 7. Auftritt; Vgl. Schiller (1966), S. 111.

38 Um das in Ruhe nachlesen zu können, vgl. Floyd (1987, 1989,1990), Coy (1989).

39 Quelle: http://www.newsachsmotor.de/150_175_ccm/Explosionsz_/explosionsz_.html

40 Vgl. Morfill, Scheingraber (1991), S. 167. Die Werte x(i). x(i+1) und x(i+2) sind jeweils die Zeitabstände zwischen den auseinanderliegenden Herzschlägen (gemessen in Millisekunden). Ein gesundes Herz zeigt hingegen eine sog. Zigarrenstruktur mit wenigen Abweichungen (vgl. das ganze Kapitel S. 154–168). Es muss darauf hingewiesen werden, dass dieses Bild lediglich zur Illustration dient. Weitere Messungen finden sich in Wiese (1999) und Morfill, Schmidt (1994).

41 Quelle: http://www.google.de/imgres?imgurl=http%3A%2F%2Fgrafika.webzdarma.cz%2Fpf%2F309R_x.jpg&imgrefurl=http%3A%2F%2Fgrafika.webzdarma.cz%2FpfRen2.html&h=405&w=526&tbnid=CwIMaAUKDzUMVM%3A&zoom=1&docid=JQDA5hRWEKDgEM&ei=aX3WU6_gBs-qO4gSE_IHwDg&tbm=isch&client=firefox-a&iact=rc&uact=3&dur=406&page=3&start=43&ndsp=26&ved=0CPQBEK0DMEQ

42 Vgl. Shannon, Weaver (1949).

43 Man kann die Darstellung der Keplerbahnen durch immer weiter überlagerte Epizykeln als eine Annäherung durch Fourierreihen darstellen. Der Austausch der Erde als Mittelpunkt durch die Sonne stellt mathematisch nur eine Koordinatentransformation dar. Diese Zusammenhänge zeigte erstmals der italienische Astronom Giovanni Schiaparelli (1835–1919) auf.

44 In Anspielung auf einen dt. Romantitel „Welt am Draht“ von D. Galouye (1965), engl. „Simulacron-3“, in dem er mit dem Gedanken spielt, dass die Helden seiner Erzählung in Wirklichkeit nur die Simulation einer Simulation sind, dies aber, da sie ein eigenes Bewusstsein haben, erkennen können. Rainer W. Faßbinder hat den Roman 1975 für den WDR in einem gleichnamigen Zweiteiler verfilmt. Anleihen macht auch der von Roland Emmerich produzierte Film „The 13th Floor“ (1999).

45 Anspielung auf ein Goethe-Zitat: *„Das schönste Glück des denkenden Menschen ist es, das Erforschliche erforscht zu haben und das Unerforschliche ruhig zu verehren.“* Vgl. Goethe (1966), S. 448

46 Dies wäre dann ein ontologischer, d. h. sich auf das So-Sein der Welt beziehender Determinismus.

47 G. W. Leibniz: Essais de Theodicée, III, § 303 (1710). Übersetzung des Autors.

48 Aristoteles Physik, Buch II, 195b31–198a13 (Kap. 4–6). In: Aristoteles (1987)

49 Vgl. Leibniz (1982), § 46 ff, S.47 ff.

50 Es gibt da erstaunliche Wortschöpfungen wie „der Große Baumeister“ oder „der intelligente Designer“.

51 Die Anwendung des Systembegriffs in der Technik wurde breit angelegt durch Ropohl (1979, 1999, 2009) vorangetrieben. Wir schließen an dieser Stelle eindeutig die sog. „Soziologische Systemtheorie“ nach N. Luhmann aus der Betrachtung aus, da sie zum großen Teil das systemtheoretische Vokabular in lediglich metaphorischer Absicht benutzen, aber zu keiner Modellbildung führen, die formal, mathematisch nachvollziehbar oder kritisierbar wäre. Da jedoch in der geistes- und sozialwissenschaftlichen „Scientific Community“ der Begriff „Systemtheorie“ meist ausschließlich mit dieser Art von Betrachtung verbunden wird, ist an dieser Stelle die Unterscheidung notwendig.

52 Vgl. wieder Shannon, Weaver (1949).

53 Entsprechend dramaturgisch aufbereitet ist das Spiel komplizierter, als es hier – recht frei – dargestellt wurde. Aber die Grundstruktur bleibt dieselbe. Vgl. Kishon (1972), S. 10–15.

54 Die Stelle lautet: *„Menschliches Wissen und menschliche Macht treffen in einem zusammen; denn bei Unkenntnis der Ursache versagt sich die Wirkung. Die Natur kann nur beherrscht werden, wenn man ihr gehorcht; und was in der Kontemplation als Ursache auftritt, ist in der Operation die Regel.*“ Vgl. F. Bacon: Novum Organum I, Aph.3, in: Bacon 1990, S. 81.

55 Jeder ist außer in seinem eigenen Fachgebiet mehr oder weniger Laie.

56 Damit wird ja auch geworben, um das Firmenimage zu verbessern.

57 Nicht zu verwechseln mit der Allgemeinen Systemtheorie, die mit mathematischen Mitteln das Beschreibungsinstrumentarium, etwas *als* System zu modellieren, untersucht. Die Allgemeine Systemtheorie benutzt Formalisemen aus Kybernetik, Automatentheorie, Regelungs- und Signaltheorie,

Nichtlineare Dynamik (vulgo Chaostheorie) etc. Bei Luhmann findet sich keine einzige mathematische Argumentation, er nimmt aber Anleihen am Vokabular der Allgemeinen Systemtheorie und deutet sie soziologisch um. Dies kann in der Diskussion zu großer Begriffs-Verwirrung führen und tut es auch, da die Vertreter der Luhmannschen Theorie in der Diskussion die Erkenntnisse der Allgemeinen Systemtheorie als „positivistisch" abqualifizieren.

58 Vgl. Weizsäcker, C. F. (1971), S. 288

59 Vgl. Kipphard (1987), Jungk (1966)

60 Vgl. u. a. Herman Kahn in seinem Bestseller: Wir werden es erleben, Vgl. Kahn, Wiener (1963), bes. Tabelle XVIII, Einträge 28–30, 71, 74–76, 81–84, 90, S. 89 ff. und 146 sowie Kap. E 4., S.153–158

61 Die Überschrift dieses Kapitels ist der entsprechenden These von C. F. von Weizsäcker entnommen. Vgl. Weizsäcker (1988), S. 451.

62 Platon: Der Staat, 2. Buch, 369e ff. (1940), S. 96 ff. Zitiert nach Digitale Bibliothek Band 2: Philosophie, S. 1291. Die Stelle wurde übersetzt von Wilhelm Siegmund Teuffel.

63 Vgl. Anmerkung 54

64 Zur Zahl der Sprengköpfe vgl. Federation of American Scientists (2014). Die durchschnittliche Sprengkraft dürfte bei ca. 300 Kilotonnen TNT liegen (zum Vergleich: Hiroshimabombe ca. 13 kT). Dividiert man das Produkt aus Anzahl der Köpfe und durchschnittlicher Sprengkraft durch 7 Milliarden Erdbewohner, dann erhält man die Zahl 0,7 Tonnen TNT pro Person. Dies stellt immer noch einen unvorstellbaren Overkill dar.

65 Vgl. Deutsches Waffengesetz WaffG aus dem Jahr 2008.

66 Vgl. Kurzweil (1999).

67 Es sei denn man reduziert alle Interessen auf eine Nutzenfunktion, die man dann als Bedarf geldlich ausdrücken kann. Diese reduktionistische Sichtweise mache ich mir hier ausdrücklich nicht zu Eigen.

68 *Quelle:* www.waste.informatik.hu-berlin.de/koubek/forschung/public/virus.ppt

69 Mündliche Mitteilung; Floyd (1991).

70 Vgl. Weizenbaum (1978).

71 Vgl. Weizenbaum (1978), S. 18.

72 Vgl. Gumbrecht (2014).

73 Vgl. Anmerkung 11

74 Quelle: http://www.fontblog.de/wp-content/uploads/2009/09/infograf_frage_2.jpg

75 Vgl. Anmerkung 38

76 Vgl. Kornwachs et al. (1992).

77 Vgl. Ropohl (1996), S. 74–82.

78 Quelle der Abbildung: www.autoindex.com . Der Fall ist dargestellt bei, S. 167–174. Siehe bei Molnar (2004) sowie Dowie (1980) in Baum (1980). Weitere Fälle finden sich dort.

79 Abrufbar unter dem Stichwort *Collateral Murder Video* und http://de.wikipedia.org/wiki/Luftangriffe_in_Bagdad_vom_12._Juli_2007

80 Vgl. (VDI 2002). Man muss allerdings ein wenig Suchaufwand treiben, wenn man die pdf auf den Seiten des VDI finden will.

81 Vgl. hierzu Hubig, Reidel (2003).

82 Vgl. DIN 31000 / VDE 1000, Abschnitt 4.1; vgl. DIN (1985), S. 21.

83 Vgl. Kant Grundlegung zur Metaphysik der Sitten, BA 52. In: Kant (1991), S. 51.

84 Näheres zu diesem Prinzip finde sich in Kornwachs (2000).

85 Vgl. Kogon (1976).

86 Vgl. Kogon (1976), Stellungnahme 107, S. 297 ff.

87 Vgl. Hegel (1999), Kap. I, IV. A, S. 112–116

88 So in Bert Brechts Lebens des Galilei, 14. Bild. Vgl. Brecht (1967), Bd. III, S. 1341.

89 Vgl. Riedler (1926), S. 459, zit. nach Dietz, Fessner, Maier (1999), S. 1–2.

90 Vgl. Dietz, Fessner, Maier (1996), S. 4

91 Vgl. Dietz, Fessner, Maier (1996), S. 5.

92 Vgl. Matschoß (1911), zit. nach Dietz, Fessner, Maier (1999). S. 5.

93 Vgl. Dietz, Fessner, Maier, S. 26.

94 Vgl. Topitsch (1961), zit. nach Dietz, Fessner, Maier (1999). S. 32.

95 Vgl. beispielsweise Damolin (1989), Kogon (1976), Degele (2002), dort weitere Literatur

96 Vgl. die Aufsätze in Mittelstraß, Duddeck (1999).

97 Vgl. Hortleder (1970).

98 Vgl. Kornwachs et al. (2013).

99 Vgl. Descartes (1969), Kap. III.

100 Das gilt generell für jeden Konsumenten. Vgl. auch Heidbrink, Schmidt, Ahaus (2011).

101 Vgl. Alfred Fröhlich (1908), S. 746.

102 Man findet auch in zweiter, erweiterter Auflage die Buchbesprechung von über 100 Klassikern der Technikphilosophie – für alle ein hervorragender Einstieg, die behaupten, Philosophie hätte nie über Technik nachgedacht oder sich vor dem Dialog gedrückt; vgl. Ropohl, Huning, Hubig (2013).

103 Vgl. Kocka, Staudinger (2009), 9 Bände.

104 Viele Universitäten verlangen von Studierenden der Naturwissenschaften und der MINT-Fächer (MINT = Mathematik, Informatik, Naturwissenschaften und Technik) ein geistes- oder sozialwissenschaftliches Begleitstudium. Das ist richtig und ich habe dies an meinem Lehrstuhl mit Verve betrieben. Ich war aber auch immer der Meinung, dass die Studierenden der Geistes- und Sozialwissenschaften durchaus auch Kennnisse in Naturwissenschaften, Informatik und technischen Fächern einschließlich der großen Kulturtechnik Mathematik brauchen könnten und dass sie ein entsprechendes Begleitstudium zu absolvieren hätten. Wir haben aus der Not der Bologna-Reform, über die ich mich hier nicht äußere, eine Tugend gemacht und einen erfolgreichen, akkreditierten Bachelor- und Master-Studiengang mit dem Titel „Kultur und Technik" an der BTU Cottbus eingeführt.

105 In Abwandlung des Punktes Nr. 17 zum Drama: Die Physiker, vgl. Dürrematt (o. J.), S. 369

Literatur

acatech (Hrsg.): Technikwissenschaften – Erkennen – Gestalten – Verantworten. acatech-IMPULS Nr. 2. Springer, Heidelberg u. a. 2013.

Aristoteles: Physik Bücher I (A) – IV(Δ), hrsg. und übers. von H. G. Zekl (Gr.-Dt.). Meiner, Hamburg 1987.

Bacon, F.: Neues Organon, Teil 1 und Teil 2, lateinisch-deutsch. Meiner, Hamburg 1990 (Band 400a, b).

Brecht, Bertold: Leben des Galilei. In: Bertold Brecht: Gesammelte Werke, Bd. 3. Suhrkamp, Frankfurt a. M. 1967

Coy, W.: Mündliche Mitteilung. Bremen: Fachbereich Informatik, Uni Bremen, 1990. – Expertengespräch

Damolin, M.: Der Eros der Motoren. In: DIE ZEIT Nr. 28 vom 7. Juli 1989, S. 40. Auch in: http://pdfarchiv.zeit.de/1989/28/der-eros-der-motoren.pdf

Degele, N.: Einführung in die Techniksoziologie. UTB, München 2002

Descartes, René: Discours de la Méthode (Von der Methode des richtigen Vernunftgebrauchs und der wissenschaftlichen Forschung) (Französisch-Deutsch), hrsg. von L. Gäbe, Philosophische Bibliothek PhB 261, Meiner, Hamburg 1969

Diesel, R.: Die Entstehung des Dieselmotors. Mit einer technikgeschichtlichen Einführung und einem Lebenslauf von Rudolf Diesel von Prof. Dr. H.-J. Braun. Steiger Verlag 1984

Dietz, B., Fessner, M., Maier, H.: Die „Kulturwert der Technik" als Argument der Technischen Intelligenz für sozialen Aufstieg und Anerkennung. In: Dieselben (Hrsg.): Technische Intelligenz und Kulturfaktor Technik. Cottbuser Studium zur Geschichte der Technik, Arbeit und Umwelt. Waxmann, Münster u. a. 1996, S. 1–32

Dowie, M.: Pinto Madness. In: Baum, R. J. (ed.): Ethical Problems in Engineering. 2. Aufl., Band 2, Troy, New York 1980, S. 167–174

Duddeck, H., Mittelstraß, J. (Hrsg.): Die Sprachlosigkeit der Ingenieure. Ladenburger Diskurse. Leske+Budrich, Opladen 1999

Dürrenmatt, F.: Die Physiker. 21 Punkte zu den Physikern. In: Dürrenmatt, F. Meisterdramen. Die Arche, Zürich, o. J., S. 368–369

Federation of American Scientists (FAS): Status of World Nuclear Forces. Update April 2014. In: http://fas.org/issues/nuclear-weapons/status-world-nuclear-forces/

Floyd, C.: Mündliche Mitteilung. Berlin: Fachbereich Informatik, FU Berlin, 1990. – Expertengespräch

Floyd, C.: Outline of a Paradigm Change in Software Engineering. In: Bjerknes, G., EHN, P., Kyng, M. (eds.): Computers and Democracy: A Scandinavian Challenge. Avebury, Alderhot (GB) 1987, S. 193–210

Floyd, C.: Softwareentwicklung als Realitätskonstruktion. In: Lippe, W.-M. (Hrsg.): Software-Entwicklung: Konzepte, Erfahrungen, Perspektiven. Springer, Berlin 1989, S. 1–20

Fröhlich, A.: Zur Psychologie der Technik. In: Sozialistische Monatshefte 12=14 (1908), S. 746–751

Gassmann, O., Enkel, E.: Open Innovation. Die Öffnung des Innovationsprozesses erhöht das Innovationspotenzial. In: zfo 75 (2006), Heft 3, S. 132–138

Goethe, J. W.: Zur Naturwissenschaft. Urphänomen. In: Goethe, J. W. Werke. Bd. 6, Vermischte Schriften (ausgewählt E. Staiger). Insel, Frankfurt a. M. 1966

Groß, S.: „The Mapis not theTerritory!" Modelle und Modellbildung in der Volkswirtschaftslehre. In: Merkur 68 (2014), Heft 3, S. 267–272

Gumbrecht, U.: Das Denken muss nun auch den Daten folgen. In: FAZ vom 12.3. 2014 (Feuilleton). Auch in: http://www.faz.net/aktuell/feuilleton/geisteswissenschaften/neue-serie-das-digitale-denken-das-denken-muss-nun-auch-den-daten-folgen-12840532.html, Zugriff 31. Juli 2014

Hegel, G. F. W.: Phänomenologie des Geistes. In: Hegel, G. F. W. G. Hegel: Hauptwerke, Bd. 2, Meiner, Hamburg 1999

Heidbrink, L., Schmidt, I., Ahaus, B(Hrsg.): Die Verantwortung des Konsumenten. Über das Verhältnis von Markt, Moral und Konsum. Campus, Frankfurt a. M. 2011

Heisenberg, W.: Der Teil und das Ganze. Gespräche im Umkreis der Atomphysik. Piper, München 1969

Hortleder, G.: Das Gesellschaftsbild des Ingenieurs – Zum politischen Verhalten der Technischen Intelligenz in Deutschland. Edition Suhrkamp, Frankfurt a. M. 1970

Hubig, Ch., Huning, A., Ropohl, G. (Hrsg.): Nachdenken über Technik – Die Klassiker der Technikphilosophie und neuere Entwicklungen. 3. bearb. und erw. Aufl.. Edition Sigma, Berlin 2013

Hubig, Ch., Reidel, J. (Hrsg.): Ethische Ingenieurverantwortung. Handlungsspielräume und Perspektiven der Kodifizierung. Edition Sigma, Berlin 2003

Jungk, Robert: Heller als tausend Sonnen. Das Schicksal der Atomforscher, Stuttgart 1956, TB Rowohlt, Reinbeck 1966 ff

Kahn, H., Wiener, A.: Ihr werdet es erleben. Voraussagen der Wissenschaft bis zum Jahr 2000. Molden, Wien 1967

Kant, l.: Kritik der Praktischen Vernunft (1788). In: Werkausgabe, hrsg. von W. Weischedel, Bd. VII. Suhrkamp, Frankfurt a. M. 1996

Kant, l.: Grundlegung zur Metaphysik der Sitten. In. Kant, I.: Werkausgabe, hrsg. von W. Weischedel, Bd. VII, Suhrkamp, Frankfurt a. M. 1996

Kant, I.: Kritik der Reinen Vernunft (1781). Meiner, Hamburg, 1965

Kant, I.: Logik. In: Kant, I. Werkausgabe, hrsg. von W. Weischedel, Bd. VI. Suhrkamp, Frankfurt a. M. 1996

Kipphardt, H.: In der Sache J. Robert Oppenheimer: ein Stück u. seine Geschichte/Heinar Kipphardt. Rowohlt, Reinbek bei Hamburg 1987

Kishon, E.: Kishons beste Geschichten (übers. von F. Torberg). Herbig, München 1972

Kocka, J., Staudinger, U. (Hrsg.): Altern in Deutschland.) Bände. In: Nova Acta Leopoldina, Neue Folge Nr. 363–371, Bände 109–107. Deutsche Akademie der Naturforscher Leopoldina, Halle, Deutsche Akademie der Technikwissenschaften, München, Jacobs Foundation. Wiss. Verlagsgesellschaft Stuttgart 2009

Kogon, E.: Die Stunde der Ingenieure. Technologische Intelligenz und Politik. VDI Verlag Düsseldorf 1976

Kornwachs, K.: Das Prinzip der Bedingungserhaltung. Eine ethische Studie. Reihe Technikphilosophie Bd. 1. Lit, Münster, London 2000

Kornwachs, K. (Hrsg.): Bedingungen und Triebkräfte technologischer Innovationen. Beiträge aus Wissenschaft und Wirtschaft. Reihe: acatech diskutiert. Acatech, Berlin, München, Fraunhofer Verlag Stuttgart 2007. Auch: Stiftung Brandenburger Tor, Berlin 2007. http://www.acatech.de/de/publikationen/berichte-und-dokumentationen/acatech/detail/artikel/klaus-kornwachs-hrsg-bedingungen-und-triebkraefte-technologischer-innovationen-acatech-ve.html

Kornwachs, K.: Strukturen technologischen Wissens. Analytische Studien zu einer Wissenschaftstheorie der Technik. Edition Sigma, Berlin 2012

Kornwachs, K., et al.: Technikwissenschaften. Erkennen – Gestalten – Verantworten. In: acatech (Hrsg.): acatech IMPULS. Springer Heidelberg u. a.: 2013. Auch in: http://www.acatech.de/de/publikationen/impuls.html

Kornwachs, K., Betzl, K., Berndes, S., Niemeier, J., Praegert, M., Wasserlos, G., Wetzels, W., Weisbecker, A.: Auswirkung der Softwaregestaltung – Vorstudie zur Technikfolgenabschätzung. Fraunhofer-Institut für Arbeitswirtschaft und Organisation (IAO) Stuttgart 1992, für den BMFT, Bonn.

Kornwachs, K., Renn, O. et al.: Akzeptanz von Technik und Infrastrukturen. Anmerkungen zu einem gesellschaftlichen aktuellen Problem. In: acatech

(Hrsg.) bezieht Position Nr. 9. Springer, Berlin 2011. Auch in:http://www.acatech.de/de/publikationen/publikationssuche/detail/artikel/akzeptanz-von-technik-und-infrastrukturen.html

Kurzweil, R.: Homo s@piens. Leben im 21. Jahrhundert. Kiepenheuer und Witsch, Köln 1999

Leibniz, G.W.: Monadologie. Meiner, Hamburg 1982

Leibniz, Gottfried Wilhelm: Vernunftprinzipen der Natur und der Gnade. Meiner, Hamburg 1982.

Lewin, K.: Problems of Research in Social Psychology, in: Field Theory in Social Science; Selected Theoretical Papers, D. Cartwright (Hrsg.), Harper & Row, New York 1951. S. 169

Livio, M.: Ist Gott ein Mathematiker? Warum das Buch der Natur in der Sprache der Mathematik geschrieben ist. C.H. Beck, München 2010

Luhmann, Niclas: Soziale Systeme. Grundriss einer Allgemeinen Theorie. Suhrkamp 1984

Matschoß, Conrad: Große Ingenieure, J.F. Lehmanns Verlag, München 1954

Molnar, L.: Ingenieurethik – Zur Rolle des Ingenieurs im Kontext sich ändernder Technologiepolitik. In: Kornwachs, K. (Hrsg.): Technik – System – Verantwortung. 2. Cottbuser Konferenz zur Technikphilosophie. Lit-Verlag, Münster, London 2004, S. 447–459

Perrow, Ch.: Normale Katastrophen. Die unvermeidbaren Risiken der Großtechnik, Frankfurt (M.)/New York 1986. Engl. Originalausgabe: Normal Accidents. Living with High-Risk Technologies. With an Afterword and a Postscript on the Y2K Problem, Princeton 1999.

Platon: Der Staat (Politeia). In: Platon Werke in acht Bänden. Bd. 4. Übersetzt von F. Schleiermacher. Wiss. Buchgesellschaft, Darmstadt 1990

Platon: Der Staat (Politeia). In: Platon: Sämtliche Werke. Deutsch von Friedrich Schleiermacher, Franz Susemihl, Wilhelm Siegmund Teuffel u.a. 3 Bde. Hrsg. v. Erich Loewenthal., Lambert Schneider, Berlin 1940, [2]1942, Bd. II

Platon: Theaitetos. In: Platon Werke in acht Bänden. Bd. 6. Übersetzt von F. Schleiermacher. Wiss. Buchgesellschaft, Darmstadt 1990

Riedler, A.: Wesen der Technik. In: Z-VDI 70 (1926), S. 457–460

Ropohl, G.: Ethik und Technikbewertung. Suhrkamp, Frankfurt a.M. 1996

Rutenberg, J. von: Siebenmal C!. In: DIE ZEIT, Nr. 43 vom 19. Oktober 2000. Siehe auch: http://www.zeit.de/2000/43/Siebenmal_C_

Schiller, F.: Die Piccolomini. In: Schiller, F.: Werke in drei Bänden. Hanser, München 1966, Bd. II

Schumpeter J. A.: Konjunkturzyklen. Eine theoretische, historische und statistische Analyse des kapitalistischen Prozesses. Bd. I, Göttingen 1961 (engl. Business Cycles. A Theoretical, Historical, and Statistical Analysis of the Capitalist Process.New York 1939)

Seneca L. Annaeus: Naturwissenschaftliche Untersuchungen. Hrsg. und übers. von Martinus F. A. Brok. Wiss. Buchgesellschaft, Darmstadt 1995

Shannon, C. E.; Weaver, W.: The Mathematical Theory of Communication. Urbana, Chicago, London 1949/1969 Deutsch: Mathematische Grundlagen der Informationstheorie. R. Oldenbourg, München 1976

Topitsch, E.: Sozialphilosophie zwischen Ideologie und Wissenschaft. Luchterhand, Neuwied 1961

Verein Deutscher Ingenieure (VDI): Ethische Grundsätze des Ingenieurberufs (März 2002). In: http://www.vdi.de/fileadmin/media/content/hg/16.pdf

Weizenbaum, J.: Computer Power and Human Reason. From Judgement to Calculation. W. H. Freeman and Company, Freeman, San Francisco CA 1976, Deutsch als: Die Macht der Computer und die Ohnmacht der Vernunft. Suhrkamp, Frankfurt am Main 1977

Weizenbaum, J.: Die Macht der Computer und die Ohnmacht der Vernunft. Suhrkamp, Frankfurt a. M. 1978 (tb 274)

Weizsäcker, C. F. von: Bewusstseinswandel. Hanser, München 1988

Weizsäcker, C. F.: Die Einheit der Natur. Hanser, München 1971

Weyl, H.: Raum, Zeit, Materie. Vorlesungen über Allgemeine Relativitätstheorie. Springer, Berlin u. a., 1970 (Erstauflage 1923)

Wittgenstein, L.: Tractatus logico-philosophicus. (Logisch-philosophische Abhandlung 1921) Suhrkamp, Frankfurt a. M. 1989

Abbildungen

Abb. 1: Ist die Wahrheit eine Frage der Mehrheit? 14
Abb. 2: Der Musikliebhaber (Quelle: Vladimir Rencin) 22
Abb. 3: Anwendbarkeit und Begründung 29
Abb. 4: „Je planmäßiger die Menschen vorgehen, desto wirksamer vermag sie der Zufall zu treffen." (Friedrich Dürrenmatt, Punkt 8 zu den Physikern, S. 368) 38
Abb. 5: Escherdreieck – ein unmögliches Objekt (Quelle: Tobias R.-Metoc) 52
Abb. 6: Aufsicht auf den Tunnelbau des Eupalinos auf Samos. Die beiden Vortriebe knicken ab, um paralleles Weitergraben zu verhindern 55
Abb. 7: Unsere Strategie (Quelle: © Rolf Hichert. Mit freundlicher Genehmigung von Rolf Hichert) 60
Abb. 8: Bekanntheit und Überraschung als Komponenten für die Intensität der Wahrnehmung von Innovation 61
Abb. 9: Der Flug der Kanonenkugel (Quelle: Ufano, Diego, Tratado dela artilleria y uso della platicado por el capitan Diego Ufano en las guerras de Flandes, 1617) 72
Abb. 10: Vorgehensweise beim Experiment 73
Abb. 11: Vorgehensweise beim Test 75
Abb. 12: Die Vanguard-Trägerrakete mit dem ersten U. S.- Satelliten an Bord explodierte am 6. Dez. 1957 in Cape Canaveral (Quelle: NASA) 76
Abb. 13: Ein beliebtes französiches Postkartenmotiv 80
Abb. 14: ... und das wollte der Kunde (Quelle: © Rolf Hichert. Mit freundlicher Genehmigung von Rolf Hichert) 89
Abb. 15: Struktur der Simulation 93
Abb. 16: „Und man siehet die im Lichte, die im Dunkeln sieht man nicht" (B. Brecht), Quelle: © Rolf Hichert. Mit freundlicher Genehmigung von Rolf Hichert) 96
Abb. 17: Explosionszeichnung einer Zahradpumpe (Quelle: Wiki Common License) 98
Abb. 18: Zustände in einer Phasenraumdarstellung (Quelle: Morfill und Scheingraber, Chaos ist überall – und es funktionert. Ullstein, Berlin) 99
Abb. 19: What's up, Doc? (Quelle: Vladimir Rencin) 100

Abb. 20: Häufigkeit geworfener Augen eines Würfels 102
Abb. 21: Gedankenexperiment zum Realismus. 113
Abb. 22: Systeme sind Beschreibungen von Gegenstandbereichen, um Modelle bilden zu können 124
Abb. 23: Reduktion von Komplexität (Quelle: © Rolf Hichert. Mit freundlicher Genehmigung von Rolf Hichert) 138
Abb. 24: Das universale Messer schlechthin. (Quelle: Victorinox) 143
Abb. 25: Aus einem Aufruf, Viren zu schreiben 158
Abb. 26: Bildliche Darstellung der Vorgänge, die sich zwischen der Geruchsempfindung und dem „reflektorischen" Speichelfluss im Kopf des Menschen abspielen. (Quelle: Fritz Kahn, Das Leben des Menschen III, Franckh/Kosmos, Stuttgart 1926, Tafel XV www.fritz-kahn.com) 170
Abb. 27: FORD Pinto, Baujahr 1971 (Quelle: Ford) 179
Abb. 28: Lebensglück (Quelle: Valdimir Rencin) 209

Tabellen

Tabelle 1: Unterscheidung spekulativer und empirischer Physik nach F. Schelling 20
Tabelle 2: Alltagskatastrophe nach Ch. Perrow 34
Tabelle 3: Urteilsarten nach I. Kant 57
Tabelle 4: Morphologischer Kasten für den Verantwortungsbegriff 175
Tabelle 5: Kostenvergleichsrechnung im Fall FORD-Pinto 180